シャチ
——オルカ研究全史
Chronicle of Orca Research : Life of Killer Whales

水口博也 著

東京大学出版会

Chronicle of Orca Research: Life of Killer Whales
Hiroya MINAKUCHI
University of Tokyo Press, 2024
ISBN978-4-13-060249-5

はじめに

　私は子どものころから、シャチを含む海にすむ哺乳類に強い興味をもっていた。なによりのきっかけは、父親の書棚に並んでいた動物図鑑や百科事典に掲載されていた図版や写真によるものだが、一方で図鑑や事典のなかの彼らの姿に強い違和感を抱いていたことも事実である。

　たとえばシロナガスクジラに代表される大型鯨の写真は、すべてが捕鯨船の甲板に引き上げられたときに撮られたもので、その姿はすでに浮力に支えられなくなった自重ゆえに、無様に押しひしゃげられていた。体長30 m、体重160 トンに達し、この惑星が生みだした史上最大の動物が、そんな無様な姿をしているはずがないことは、子どもながらにも理解できることだった。

　近年になって巨大な恐竜がつぎつぎに発見されるにいたっても、頭の先から尾の先までの長さならシロナガスクジラを凌駕する恐竜は知られるようになったけれど、体重でいえば最大の恐竜でも想定される体重は50〜60 トン程度である。そんな進化の極にある巨鯨は、私たちが一見するだけで見惚れるような姿をしていなければならない、と子どもながらに思ったものである。

　当時、海の哺乳類とあわせて興味をもっていた昆虫でいえば、たとえばツノゼミの仲間など、物理的・力学的な法則を無視したような奇抜な形態のものが数多く存在する。一方、巨大になればなるほど物理的・力学的な法則に縛られることは容易に想像できる。とすれば巨鯨であればあるほど、たとえば精密な航空機がそうであるように、流体力学の法則にかなったものであるべきだろう。こうして、私の海生哺乳類を訪ねる長い旅ははじまったが、この本の主役であるシャチもまた、動物界のなかでは十分に巨大なもので、子どものころの私の好奇心をかきたてるに十分な存在だった。

　じっさいに海に出てシャチを眺めるようになったとき、海面に高い背びれの先端を突きだしたかと思うと、それは鋭い刃物のように海面を切って進んでいく。やがてその剣を天に向けて突きあげるように浮上したかと思うと、噴きあげられる噴気とともに小山のような背が海面を割って現れる。そのときの、丸みを帯びた背から上方にそびえる背びれのさまは、私が野生のシャチを観察しはじめたころに世界の空を飛んでいた当時新鋭の航空機、トライスター機の後部エンジンのカバーがつくりだす曲面とその上にそびえる尾翼のさまにそっくりで、子どものころに考えていた"説"が証明されたような気になったものだ。

さらに鯨類のなかでもとりわけシャチが私の心を惹いたのは、群れをなして自分たちよりも大きいクジラさえ襲って"海のギャング"と呼ばれたその生態である。とはいえ、テレビのドキュメンタリーではアフリカのサバンナで、ライオンやヒョウがアンテロープを狩る光景が当時から放映されており、肉食動物がほかの動物を狩るのはごく当然のことで、ライオンやヒョウは"サバンナのギャング"とは呼ばれない。その違いが、いったいどこにあるのかが気になると同時に、ステレオタイプなやり方での理解がけっして実のあるものでないことくらいは、子どもでも直観的に感じとることはできた。とするなら、シャチという動物はほんとうにいったいどんな暮らしをしているのか──それをたどる旅が、私が成人し、職業人として自身の力で海外旅行ができるようになったときにはじまった。

　それから50年以上が経過して、私自身はより積極的に海外取材に出かける時代は終焉を迎えはじめていると同時に、より多くの人びとが野生動物を追うようになって、観察や撮影から得られる成果以上に、私たちを含む観察者、あるいは見物人がもたらすインパクトのほうをより重視しなければならなくなった。そのとき私自身が歩いてきた道のりから当然生まれるべき責任として残したいと考えたのが本書である。

　本書はこれまで、シャチという動物がどんな暮らしをしているかを知ろうとしてした私の旅の記録であり、それ以上に世界の研究者たちがこの魅力的な動物について深く知ろうと努めてきた研究の歴史をたどるもので、後者の、いわば私の"精神の旅"はいまでもつづいている。むしろ肉体的な旅が盛期よりは少なくなったいま、精神的な旅はより加速度がついているといっていい。そして世界の研究者たちの探索の跡を、彼らが発表する論文や、電子メールという一瞬にして地球の裏側と交信できる方法によって、よりヴィヴィッドに学び、感じとりつづけている。

　さらにつけ加えるなら、3年弱にわたって世界を揺るがせたコロナ禍こそが、私の"精神の旅"をいっそう加速してくれたことはまちがいない。「雄飛」と「雌伏」という言葉がある。それぞれの意味は読者の方はすでにご存じのとおりだ。

　私たちのようなフィールドワーカーがひとつのものごとについての成果を出すときに、「雄飛」は自ずから必須になるのだが、「雌伏」の間に行うべき思索や落

ち着いてしか達成できないある種の思索体験も欠かせないものになる。そのことを再認識させてくれる機会になったのもコロナ禍であり、本書を含む近年私が出版した何冊かの本といくつかの仕事は、コロナ禍がなければこの世に存在しなかったものだといっていい。

目次

はじめに　1

第1章｜アメリカ、カナダの太平洋岸から　7
第2章｜文化をもつ存在　31
第3章｜北部北太平洋のシャチ　54
第4章｜さまざまな生態型〜南極海と北大西洋から　88
第5章｜南半球のシャチたち　118
第6章｜世界のシャチがたどった道、そして日本へ　153
第7章｜シャチに未来はあるか　179

おわりに　195
解説（篠原正典）　198
事項・生物名索引　205
人名索引　211

|第1章|

アメリカ、カナダの太平洋岸から

サンファン諸島

　1978年、社会人としての1年目の夏に、私はアメリカ北西部ワシントン州のサンファン諸島に滞在していた。

　ワシントン州の地図を見れば、太平洋岸には自然の森が色濃く残るオリンピック半島が突きだし、この半島とワシントン州の本土の間には、風光明媚な島じまを散在させたピュージェット湾が広がっている。もう少し視野を広げるなら、ワシントン州はその北側でカナダと接し、カナダのバンクーバーへも陸路で行くこともさほど遠い旅でないことがわかる。そして一帯を守る巨大な防波堤のように、南北に長いバンクーバー島（カナダ領）が浮かんでいる。

　バンクーバー島とオリンピック半島の間に広がるファン・デ・フカ海峡の中ほどを通るカナダとアメリカとの国境線は、その東側で向きを北に変えて南北にのびるジョージア海峡の中ほどをのびていく。サンファン諸島は、この海上に設けられた国境線が北に向けてカーブを描くあたりのアメリカ側に浮かぶ島じまである。

　サンファン諸島に行こうとするなら、ワシントン州の州都シアトルから国道5号線で2時間ほど北に走ったところにある港町アナコルテスからのフェリーに乗るのだが、このフェリーはサンファン諸島を経由して、バンクーバー島

（ビクトリアの町の少し北にあるシドニー港）にいたる航路である。

　アメリカやカナダの書物などで Pacific Northwest という言葉がよく使われる。まさにこのあたりからカナダ太平洋岸にかけての一帯を指す言葉だ。直訳して「太平洋の北西」と考えれば話はロシア側になってしまうけれど、じっさいは北米北西岸の太平洋につづく地域を指す。

　この地域では、かつて大陸をおおった氷河によって削られて、海は細い水路になって陸深く入りこみ、さらには無数の島じまを散在させる沿岸水路となって網の目のようにのびていく。サンファン諸島あるいはピュージェット湾は、そうした地形、環境のほぼ南端あたりに位置する。

　沿岸水路や内海は、島じまによって太平洋からの荒波からは守られ穏やかに水をたたえているものの、海面下の動きは激しい。潮の干満にあわせて太平洋から流れこむ水塊は、島じまやそこここに突きだした岬によってかき乱されながら、狭い水路を早瀬のように流れていく。そして、氷河によって削られた狭いけれど深いフィヨルドの底から栄養分をまきあげる。こうして、とりわけ夏には北の国の長い日照が海中に豊饒な生物の世界をつくりだす。

　一方、地上では太平洋からの湿気を含んだ大気が、沿岸に大量の雨を降らせることで、ツガやトウヒの深い森を育み、グリズリーやアメリカグマをはじめとした野生動物の世界をつくりあげてきた。人間の世界にあっては野生の恵みに支えられて、先住民たちが豊かな文化を築いてきたことで知られる場所である。

　さて、なぜ私がそのときサンファン諸島にいたかといえば、あたりで野生のシャチが頻繁に観察されると聞いていたからだ。ちなみに出版社に就職をして最初の夏休みを利用しての旅だった。

　サンファン諸島の中心はフライデーハーバーという瀟洒（しょうしゃ）な港町で、フェリーはこの港に入港する。Friday Harbor という名称からも、この場所がシアトルなど大都市に住む人々の、週末の避暑地や別荘地であることがうかがえる。港には、シャチを描いた看板をかかげた店がいくつか並んでいるのが見えた。当時は、後年に見られるようになるほどに多くはなかったけれど、すでに大海原を泳ぐシャチを見るためのホエールウォッチング・ボートが営業していた。

　じつは、アナコルテスからサンファン諸島にいたるフェリーからでもシャチを見ることができるはずで、1時間半ほどの行程の間、島じまの間を航行する

フェリーの窓から目を凝らしつづけたが、そのときは見ることはなかった。しかし、フライデーハーバーの町に到着して、急いで間にあうホエールウォッチング・ボートに乗ったとき、じつに簡単にシャチの群れに会うことができた。

遠くに浮かんでいる何隻かのボートは、バンクーバー島南端にあるビクトリア（カナダ）の町から出てきた観光船やホエールウォッチング・ボートだろう。この水路の中央あたりにアメリカとカナダの国境線が引かれており、ときおり見かける大型のコーストガードの船も、アメリカのものもあればカナダのものもある。ただし、敵対している国同士ではないので、ぴりぴりした雰囲気はいっさいない。そしてシャチの動きには、国境線などいっさい関係ない。

この旅が、私にとって野生のシャチを目にしたはじめてのときだった。図鑑や百科事典で知ってはいても、直接にその姿を見るのとは大きな違いがある。なにより書物では巨大さは実感しにくい。それに、私が子どものころに見た動物図鑑や百科事典の絵は、海で生きて泳ぐシャチの姿を見ないで描かれたものだったのだろう。本物のシャチの体がもつ太さ、丸みやボリューム感は、そうした絵から感じとることができなかった。

それになにより、私の目を圧倒したのは、成長した雄のそそりたつ背びれである。背びれの先端がまるで刃物のように海面を切って進みながら、やがてより高く海面から突きだしはじめ、噴気の音をあたりに響かせて潮ふきをあげると、それにつづいて漆黒の巨大な背が海面を割って浮上する。

水に濡れて艶めかしいほどの黒さを見せる背からは、海水が白く泡だちながら流れ落ちていく。噴きあげられた噴気は、白い霧になってあたりにただよい、やがて風のなかにとけこんでいく。

そのときの雄シャチは、その後もきまって目にしたように、何頭かの雌や子どもを含む群れで泳いでいた。何頭かのシャチがつぎつぎに浮上してたてつづけに噴気をあげると、あたりの大気さえ白く染まって見える。偶然にもシャチたちがボートの近くに浮上したときには、風にただよう噴気に生きもの特有の生ぐささを感じることができた。

いま考えてみれば、それがいいことであったかどうかは疑問だが、運がよければ、野生のシャチをごく間近に観察することができた時代でもあった。というのは、第7章で詳述するが、このシャチたちはさまざまな要因でその将来が深く懸念され、近年は慎重な観察が求められるようになっているからだ。

シャチの群れはときに島の岸沿いを泳いでいく。沖側からシャチの群れを観察する私たちの目は、その背景に島の森や、その間にたつ瀟洒な住宅や別荘のたたずまいをとらえている。なかには、そうしたすまいや別荘のバルコニーに出て、目の前の海をゆくシャチの群

1980年代当時のサンファン諸島周辺でのシャチウォッチング。現在はシャチ保護のために、もっと遠い距離からのウォッチングが求められている。

れを眺める人びとの姿もある。そのとき、人びとの暮らしと野生のシャチとの暮らしが、これほどまでに近いところに存在しあうことに、羨望さえ覚えたほどだ。

　浅い潜水によって海面から姿を隠していたシャチが、つぎつぎに浮上して噴気をあげていく。こうして浅い潜水と浮上しての呼吸を何度か繰り返したシャチの群れは、今度はそれぞれの個体が背を一段と大きく海面に盛りあげたあと、それまでよりは急な角度で海の深みに消えていく。いままでより長く、深く潜りはじめるサインでもある。

　群れの最後を泳いでいた巨大な雄も、群れの仲間につづいて潜りはじめる。尾びれで強く水を蹴ったのだろう。動きに勢いをつけた背の上で、そそりたつ彼の背びれが、弾力のある鋼のように左右にしなって見えた。シャチの群れはしばらく海中を進んだあと、またどこかに浮上して同様の行動を繰りかえすはずだ。

＊

　この旅をした1978年あたりは、本書のテーマである野生のシャチ研究の歴史のなかで、かなり特筆すべき時代でもあった。そして私の職業人としての歴史と、世界のシャチ研究の歴史が、比較的同時代的にリンクしたことも、私が長くこの動物と関わってきた大きな要因になっていることも否定できない事実である。

研究のはじまり

　1964年に捕獲されたシャチが、はじめてバンクーバー水族館で公開された。「モビードール」と名づけられたこの雄のシャチは、3か月で死んだが、人びとの熱狂的な関心をかきたてた。

　以降、1960年代半ばから70年代にかけて、アメリカやカナダのいくつかの海洋動物園や水族館で飼育、展示するために、アメリカ、ワシントン州からカナダ、ブリティッシュ・コロンビア州の沿岸で、総計六十数頭にのぼるシャチが捕獲された。それはこの時期、シャチを含めたクジラという動物への人びとの興味の高まりを反映していたといっていい。皮肉なことだが、そのことがサンファン諸島のまわりの海を遊弋するシャチたちの個体数を激減させ、その後のこのシャチたちの命運にも大きな影響を与えたことも事実だ。[1]

　こうした状況のなかでカナダ、バンクーバー島のナナイモの町にあるカナダ太平洋生物学研究所の海洋生物学者 Michael Bigg らは、この海域に生息するシャチの個体数や生態がまったくわからないなかでの無秩序な捕獲に、深刻な懸念を覚えていた。そのために、同海域に生息するシャチの個体数を含む生態調査が急務であると考えたのである。

　この海域には、夏には産卵をひかえたサケやマスの大群が押し寄せ、それにあわせてシャチが頻繁に姿を現すことは、地元の人びとや漁師、あるいは旅行者に以前から知られていた。1971〜72年ごろから Bigg らは、サケ・マス漁船の漁師や、クルーズを楽しむ人びとから、シャチとの遭遇の状況の聞きとりをはじめた。

　同時に、より科学的にシャチの個体数推定を行う方法が考えられた。それは、自然標識による個体識別法であり、つまりはそれぞれの個体の顔や体つきに見られるわずかな違いや特徴を手がかりに、1頭1頭を見分ける方法である。

　これは、シャチを含む鯨類の研究に先だって、日本の霊長類学者たちがチンパンジーやゴリラ、ニホンザルなどの霊長類の生態調査にあたって、大きな成果をあげてきた手法である。霊長類学の初期、欧米の研究者たちはこの方法に否定的であったこともあるが、その手法を使った研究が大きな成果をあげてきたことが、この手法の有用性を証明したのである。

　鯨類では、1970年から Steve Katona らが、アメリカ東海岸に来遊するザトウクジラを対象に、自然標識による個体識別を試みはじめていた。ザトウク

ジラでは、深く潜る前に海面に見せる尾びれの、裏側の黒と白の模様が自然標識として使われた。いまでは世界中のザトウクジラの尾びれの写真は、何十万枚という単位で記録・保存されている。

一方、シャチを個体識別するための自然標識としては、彼らが泳ぐときにきまって海面に見せる背びれの形や傷跡と、背びれのすぐ後ろにあるサドルパッチの模様が利用されることになった。

シャチの背びれは、雄では成長すると高くそびえるようになり、雌や子どもでは鎌形だが、雄同士、雌同士の間でも、背びれの形はそれぞれに異なる。さらに、多くの個体は背びれに過去の傷跡や切れこみをもっている。またサドルパッチも、比較的単純な白斑状のものや、鉤型になったものなど、あるいは白さの濃いものや薄いものなどさまざまである[2]。こうして、出会うシャチの背びれをつぎつぎに写真におさめることで、この海域のシャチの戸籍台帳をつくるプロジェクトがスタートした。

しかし、背びれの形や傷跡が、時間とともに、年数とともに大きく変化するようであれば、個体識別のための自然標識として使うのはむずかしい。そのため、ピュージェット湾で1頭の雄のシャチを一時的に捕獲し、その背びれの後縁に人工的に切れこみを入れて、その後の経過もあわせて観察された。

K1（Kポッドのメンバーである）と名づけられたこの雄シャチの背びれの切れこみのさまは、その後ほとんど変化することはなかった。こうして、背びれの形や切れこ

背に切れこみが入れられた個体K1。

みのさまは、野生のシャチの個体識別のための自然標識として十分に使えることが確かめられた。

1972年に——奇しくも私が大学に入学した年である——Biggらによってシャチの個体識別の調査とそのための撮影がはじまってから何年かで、多くの研究者や写真家の協力もあり、この海域に頻繁に姿を見せるシャチのほぼすべ

ての個体が、記録・識別されることになった。その後、自然標識による個体識別は、鯨類の生態調査における非致死的な研究（対象となる動物を殺すことなく研究する）の基本的な手法として、世界中のフィールドで用いられるようになっていく。

　ちなみに、群れをつくるシャチでは、撮影された写真は1頭1頭を識別するのに役だてられるだけではない。だれとだれがきまっていっしょにすごすかといった情報から、群れの構成まで明らかにすることができる。さらには、同じ個体が別の場所で確認できれば、その個体の行動圏まで浮かびあがってくる。

　新たに誕生するシャチもいるが、哺乳類であるシャチは、誕生してからしばらくの間は、つねに母親にぴったりと寄りそってすごす。したがって、母親さえ識別されていれば、その子どもは同時に記録され、成長にあわせて背びれが撮影され、自立するころには自身の背びれによって以降の継続しての識別が可能になる。

　また、何年か後に同じ雌が別の子どもを連れて泳ぐ光景が観察されれば、兄弟姉妹の関係さえ明らかになる。さらには、出生率さえ明らかになる。こうして、アメリカ、ワシントン州からカナダ、ブリティッシュ・コロンビア州の沿岸にある程度の頻度で姿を見せるすべてのシャチの、それぞれの親子、兄弟姉妹の関係や、群れがどう構成されているかが明らかになっていった。

　こうした調査でわかってきたことは、この海のシャチたちがきまったメンバーの群れ（ポッド）をつくっていることだった。そして、バンクーバー島の中ほどを北限にして、ファン・デ・フカ海峡やピュージェット湾を行動圏にするものが3ポッド（80〜90頭）、バンクーバー島の中ほどを南限にして、バンクーバー島北部にあるジョンストン海峡を中心にブリティッシュ・コロンビア州の沿岸に16ポッド（二百数

十頭）が生息していることがわかった。先に紹介したサンファン諸島を遊弋するシャチたちは、前者（ファン・デ・フカ海峡やピュージェット湾を行動圏にするもの）に属するものである。

ポッドのなかでは、母子の間での情愛に満ちた行動も頻繁に観察される。こうして、多くの研究者や写真家が近くで眺めるシャチたちの暮らしは、以前から考えられていたような「海のギャング」としての姿とは大きく異なるものであることがわかってきたのである[3,4]。

シャチという動物

シャチは、英語では「キラーホエール」（殺し屋クジラ）、ドイツ語では「モルトバール」（同じ意）と呼ばれ、大型のクジラをも襲う海のギャングとして、"獰猛な"動物の代表格でありつづけた。かつてローマ人は、この動物を「海の悪魔」の意味で「オルカ」

セミクジラを襲うシャチの群れを描いた銅版画。中央の1頭のシャチの背びれの先端が折れ曲がって描かれているのが興味深い。

と呼んだ（1758年にスウェーデンの分類学者リンネ Carl von Linné によって、現在の学名 *Orcinus orca* が与えられた）。

さらには、19世紀のデンマークの動物学者エシュリヒト Eschricht（コククジラの学名 *Eschrichtius robustus* は彼の名に因む）が、体長わずか5mほどのシャチの腹のなかから、13頭のイルカと14頭のアザラシの残滓が一度に出てきたと記述したことが、その暴漢ぶりに拍車をかけた。ちなみにその喉には、15頭目のアザラシがひっかかっていたという。

こうして虚像ばかりが先行したシャチだが、Michael Bigg らによるアメリカ、ワシントン州やカナダ、ブリティッシュ・コロンビア州の沿岸で野生のシャチの研究がはじまってから、シャチという動物の実像が明らかになってきたのである。

まずは共通の理解として、シャチという動物がどんな動物かを概観しておきたい。

　現在（この原稿を書いている 2023 年末の時点）、シャチはクジラ目のなかのハクジラ亜目、マイルカ科に属する 1 種とされている。ただし近年、世界中で多様な暮らしをする（ときに形態さえ多少異なる）シャチの存在が知られると同時に、遺伝子解析も精力的に行われるようになって、近い将来複数の種に分けられる可能性が高くなっていることも事実である。

　さて、シャチは北極の氷の間から南極の氷の間まで、地球上の海洋に広く分布し、現在 90 種を数える鯨類のなかで、というより哺乳類全体のなかで、もっとも広い分布域をもつ種である。とはいえ、頻度高く観察されるのは、中・高緯度の生産力が高い（餌生物が豊富に利用できる）沿岸域である。さらに本書の最大のテーマだが、それぞれの海でそれぞれの個体群が、利用できる餌生物や環境にあわせて、（ときに遺伝的にたがいに交流をもつことなく）独自の暮らしをしていることもつぎつぎに明らかになっている。

　雄は最大で体長 9.8 m、体重 10 トン、雌は最大で体長 8.5 m、体重 7.5 トンに達する。ただし、世界各地のシャチが研究されるにつれて、もっと小柄なもの（たとえば、後に紹介する南極海に生息する「タイプ C」と呼ばれるシャチでは、雄でもせいぜい体長 6 m 程度）も知られるようになった。

　体色については、背が黒く腹部が白いこと、目の上にアイパッチと呼ばれる白い楕円形の模様、また先述のように背びれのすぐ後ろの背部にサドルパッチと呼ばれる淡色の模様があることが、シャチの共通した際だった特徴である。しかし、これについても近年世界の海に生息するシャチが観察・研究されるようになって、極端に大きいアイパッチ（南極海の「タイプ B」）や、極端に小さなアイパッチ（亜南極海域にすむ「タイプ D」）をもつものがいることも知られるようになった。また、南極海など極海に生息するものでは、体表に珪藻を繁茂させて全身が黄味を帯びて見えるものもある。(p. 95 参照)

　個体群によって餌生物が異なるとはいえ、多くのものは魚類や頭足類（イカ）、イルカやアザラシ、ときに大型鯨や海鳥を捕食する。そしてそのための牙状の歯を、上下の顎にそれぞれ 10〜12 対もっている。

　鯨類のなかでシャチを特徴づけるものは、著しい性的二型（雄と雌の形態が大きく異なる）を示すことだろう。体長や体重についてもそうだが、雌雄の違

いがもっともよく現れるのは背びれだろう。

　カナダやアメリカ、ワシントン州の太平洋岸で野生のシャチを個体識別し追跡調査をすることで明らかになったことだが、雄は12〜13歳くらいから背びれが高くのびはじめ、14〜15歳で成熟するころには背びれは高さ2ｍ近くに達する。一方、雌の背びれは、成熟しても幼獣のときと同様の鎌型のままだ。雌が性的に成熟するのも13〜14歳で、雌の多くはそのころに最初の子どもを出産する。

　上記の海域での調査や、水族館で飼育されている個体から知られているところでは、シャチの妊娠期間は16〜18か月で、上記の北米北西岸に定住する個体群では、成熟した雌は3〜6年に一度出産（1産1子）することが知られている。なお、これまでに一例、双子が生まれた例が知られている。

　生まれたばかりのシャチは体長2〜2.5ｍ、体重160〜180㎏ほど。成獣ならば白く見える下顎やアイパッチは、生まれてしばらくは褐色で、何度も皮がむけながら色合いが薄くなり、3〜4年かけて白くなっていく。

　また生まれて半年ほどは母乳だけで育ち、やがてほかの餌も口にしながら、ほぼ2年をかけて離乳する。寿命は、雄で50〜60年、雌で80〜90年に達する。

　ただし、繁殖年齢や寿命は、それぞれの個体群の状態や環境によって大きく変わりうる。あくまで上記の情報は、バンクーバー島周辺に生息するシャチたちの調査から導きだされたもので、このあと紹介していく世界各地のシャチについてどうかは、それぞれの環境との関わりのなかで調べられる必要がある。

　背びれだけでなく胸びれも、成長した雄のそれは雌に比べて相当に大きくなる。シャチはしばしば、海面で体を横倒しにして、海面から突きだした片方の胸びれで海面を強く叩きつける行動をとる――そのときの水音を群れの仲間同士の間でのなんらかの合図にしているのだろう――が、成熟した雄が大きな胸びれを使ってこの行動をとると、あたりに爆ぜるような音が響きわたるものだ。

　シャチが泳ぐときには、ほかの鯨類と同様、比較的長く（3〜5分）潜水したあと、海面に浮上して、短い間隔で浅い潜水と呼吸を繰りかえす。彼らの噴気は大型鯨ほどにはめだたないが、風のない穏やかな日なら、洋梨を逆さにしたような噴気の形を見てとることができる。

彼らは、ほかのハクジラ類と同様、頭部のほぼ左右中央にひとつの噴気孔をもつ。もしも噴気をあげる瞬間に開かれた噴気孔を覗きこむと、開口部のすぐ奥で、2つの肺につながる2本の気道が合流して、ひとつの噴気孔になっているのを見ることができる。

レジデント

　さて、カナダからアメリカ、ワシントン州の太平洋岸に生息するシャチが、それぞれのポッドで暮らしていることは紹介したとおりだが、彼らはそれぞれに特徴的な行動圏をもっているために、「定住するもの」の意味で「レジデント Resident」と呼ばれることになる。シャチについての資料や本で、「南部レジデント」「北部レジデント」という言葉が使用されるが、それぞれ「バンクーバー島の中ほどを北限にしてファン・デ・フカ海峡やピュージェット湾に頻繁に姿を見せる個体群」「バンクーバー島の中ほどを南限にしてブリティッシュ・コロンビア州沿岸に頻繁に姿を見せる個体群」を意味するもので、本書でもこの用語を使う。

　この海域のシャチが、きまったメンバーの群れ（ポッド）をつくっていることは紹介した。ポッドは、母子（ときにはお婆さんも存在する）のつながりを中心にした家族群がいくつか集まったもので、それぞれの家族群は「サブポッド」と呼ばれることもある。

　ポッドに新たに生まれる子どもは雄も雌も、母親が属すポッドに生涯とどまる。ちなみに雌の子どもは成長して自分の子をもったとき、ときには母親の家族群から多少離れてすごすことで自分自身の家族群を形成することはあるが、雌雄ともにポッド自体にとどまりつづけることには変わりない。とすれば、同じポッドに属する家族群（サブポッド）同士は、かつてはなんらかの血縁的なつながりがあった者たちと考えていいのだろう。

　また同じポッドを構成する複数の家族群は、いつもいっしょに行動しているわけではない。一方で、複数のポッドが合流したり、ときにはある個体が別のポッドの個体といっしょにすごす光景も頻繁に観察される。近親交配を避ける意味でも、こうした機会に別べつのポッドからの雌雄の間で繁殖が行われるものと思われる（例外があることは、第6章で詳述する）。

　もうひとつレジデントの大きな特徴は、とくに初夏から秋にかけて沿岸水路

に来遊する膨大なサケ・マスの群れを中心に魚ばかりを食べていることである。そのために上記の季節には頻度高く観察されることで、シャチウォッチングの対象にもなってきたシャチたちである。一方、秋から冬を越えて春先までは、沿岸水路から離れて、サケ・マス以外の魚類も捕食することもある。

＊

　ちなみに南部レジデントは、J、K、Lと名づけられた3ポッドからなり、（年によって多少個体数は変わるものの）およそ80〜90頭が知られてきた。なかでも、Lポッドはとりわけ個体数の多いポッドで、1980〜90年代には50頭近くのメンバーを擁していた。

　彼らはなにより、大都市バンクーバーの南側に広大な三角州をつくってジョージア海峡に流れこむフレーザー川に帰ってくるキングサーモンを主要な餌にしており、キングサーモンの遡上の季節にあたる初夏〜秋口までは、頻繁にフレーザー川の河口やピュージェット湾などの内海でその姿が見られることが多いシャチたちである。

　第7章で詳述するが、近年は南部レジデントの生息域において主要な餌であるキングサーモンが減少しており、とりわけKおよびLポッドは本来の生息域にサケが少なくなる冬期を中心に、北は東南アラスカから南はカリフォルニア沿岸まで行動圏を広げていることが知られるようになった。さらにLポッドは、夏期でもジョージア海峡やピュージェット湾といった内海よりファン・デ・フカ海峡の外側ですごすことが多くなっているという[5]。

　一方、北部レジデントは、私が長く観察したバンクーバー島北部に位置するジョンストン海峡に姿を見せるものたちで、16ポッド合計二百数十頭が知られている。私の『オルカ——海の王シャチと風の物語』の主人公にもなったニコラ（A2）とその家族はそのなかのひとつで、彼女の家族はA1ポッドと呼ばれるポッドのなかの、ひとつの家族群を形成していた。

　私は1982年からジョンストン海峡で観察と撮影をつづけたが、当時は多くの若い研究者や学生たちが長期滞在をしながら、それぞれのテーマをもって調査をつづけていた。そのころは、野生のシャチについての新たな知見がどんどん報告された時代で、アメリカやカナダの海生哺乳類学会などでは、シャチをテーマにしたものが多く、新しくわかってきたシャチの生態について、若い研究者たちが熱気を帯びて語りあっていた光景を思いだす。

さらにシャチ人気を支えたのは、研究者たちが撮影した個体識別用の写真がそれぞれのポッドごとに分類され、家系図として示されたものが、一般書として制作されたことだ[3]。当時、急速に人気が高まりはじめたシャチウォッチングにやってくる人びとは、書店で購入したその本を手に、自分の目の前を泳ぐシャチがどの個体であるかを確かめながら、ウォッチングを楽しんでいた。
　この本は何度か改訂されたあと、近年はネット上に情報が公開されるようになっている。しかし、最後に改訂された版[6]は、個体識別の写真と彼らの家系図だけでなく、シャチ一般の生態や調査の経緯が紹介されて、読みものとしても価値が高いものになっている。
　南部レジデントについても北部レジデントについても、ほぼ完全な家系図はできあがっていたが、毎年新たな子どもが生まれ、さらに子どもたちは成長とともに背びれの姿を変えていく。そのために、個体識別のための写真は撮影をしつづける必要がある。ポッドのなかで誕生した子どもは、雄であれ雌であれ、生涯自分が生まれたポッドから離れることがないことも、こうして継続して観察されてわかってきたことである。

　ちなみに、南部レジデントについては、私が訪れたフライデーハーバーの町があるサンファン島に居を構えた Ken Balcomb や、フライデーハーバーにあるホエールミュージアム（Center of Whale Research）らが、北部レジデントについては John Ford や、鯨類学者の大家 Ken Norris がいたカリフォルニア大学サンタクルス校の David Bain ら学生たち、オルカラボの Paul Spong らが中心になって、シャチの生態調査のかたわら個体識別のための新たな写真を撮影しつづけていた（上記の名前で検

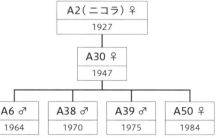

1987年当時のニコラ（A2）の家族群。写真はニコラ（1986年撮影）。背びれの先端に切れこみが認められる。各個体の下の数字はそれぞれの誕生年。(Bigg, M.A. *et al.* 1987[3] より改変)

索すれば、彼らがこれまで発表してきた数多くの論文や研究成果を見ることができる）。

　サンファン島にある Balcomb の自宅には何度が訪れたことがあるけれど、バルコニーからはサンファン島の東側の海（シャチたちの主だった通り道でもある）を望むことができ、前の海岸からボートを出すことができる絶好の立地にあり、世界から若い学生たちが集まっていた。サンファン島はまさに、南部レジデントの研究拠点になっていたといっていい。

　一方、北部レジデントについては、いうまでもなくジョンストン海峡と、それにつづく（Spong のオルカラボがある）ブラックフィッシュ湾が一番の調査地になる。またブラックフィッシュ湾に近いコモラント島にあるアラートベイの町は、私がジョンストン海峡でキャンプをしていたときの食料やガソリンの買い出しの拠点になるとともに、先住民の文化が色濃く残る町（そのための博物館もある）でもあり、北部レジデントを対象にしたシャチウォッチングの拠点のひとつにもなっている。

A30 の家族

　1990 年は、（その後も旅行者として訪れることはあったけれど）私がジョンストン海峡での観察を最後にした年であった。その前年 1989 年の観察記録から少し紹介したい。じつは、私が長く観察したニコラは 1987 年に海峡から姿を消し（ちょうど彼女が 60 歳になる年だった）、一方でこの年に、新しいメンバーが家族に加わったのである。

　8 月初旬の早朝、私は当時いっしょに観察していた Jeff Jacobsen のゾディアックから 5〜6 頭で泳ぐポッドを観察していた。背景にはバンクーバー島の深い針葉樹の森が、見上げるほどの稜線にまでつづいている。その奥で（森林限界を超えているからだろう）岩肌を見せて屹立する駿峰ダービー山（標高 1645 m）が、まだ赤みを帯びた朝の光のなかで輝いて見えた。

　いまボートを走らせるバンクーバー島の海岸線は奥に入りこみ、そこがひとつの湾になっていることがわかる。ロブソン湾と呼ばれる湾で、この海峡に定住するシャチたちが長く滞在し、休息する貴重な場所である。そのため、1982 年にこの湾を中心にした海と陸あわせて 1248 ha が、ブリティッシュ・コロンビア州政府によってロブソン湾生態保護区（マイク・ビッグ生態保

護区）に指定された。この保護区は、バンクーバー島の豊かな森林の伐採を制限する意味ももっていたが、なによりシャチの保護のために、保護区内でのウォッチングに制限を設けるものでもあった。

ちょうど保護区の境界にあたるところに「シャチの保護区につき、300 m以内への接近禁止」という看板が、海岸にたてられている。いまは、ウォッチング・ボートによるシャチへの影響を最小限にするために、生態保護区内を含め海峡でのウォッチングはより慎重になっているけれど、当時は（もちろんエンジン音を最小限にして）ルールの範囲内なら観察することはできた。

ふいに湾内の1か所から、海中に姿を消していた1頭のシャチが浮上して噴気をあげた。噴気は、海峡の南側に連なるバンクーバー島の稜線を越えて姿を見せはじめた太陽の光をうけて、白く輝いてたちのぼる。噴気は、まだ影のなかにある針葉樹の森の濃緑のわずかな濃淡がつくりだすモザイク模様を背景に、いっそう際だって見える。

『オルカ――海の王シャチと風の物語』（早川書房刊、1988年）のカバーを飾ったA6の勇姿。

噴気につづいて海面に現れたのは、雄のシャチの高い背びれで、すでに成熟した雄のその背びれは海面から堂々と屹立し、めだつ特徴を見いだすとすれば、背びれ後縁の上部が、少し削られたように細くなっていることだ (p. 28)。A6と名づけられた個体でニコラの初孫。彼は1964年生まれと考えられているから、この年で25歳になる。ちなみにその前年に刊行された私の『オルカ――海の王シャチと風の物語』のカバーを飾ったシャチである。

A6につづいて、もうひとつ噴気があがり、2頭の雄の背びれが姿を現した。それぞれ背びれは高くのびはじめているけれど、滑らかな輪郭を描くそれらは、ともにまだ若さを感じさせるものだ。A38とA39、それぞれニコラの2番目と3番目の孫にあたる。A38は1970年生まれで、この年19歳。A39は1975年生まれで、この年14歳。どちらも、この数年で急速に背びれが高くなりはじめた若者たちである。

海面に並ぶ残りの背びれは雌たちのもので、1頭の背びれは細身でゆるやか

なカーブを描いている。A30、ニコラの娘でありこの群れのメンバーの母親で、ニコラ亡きあと、群れの中心的な存在である。それにしても、彼女のたおやかなカーブを描く細身の背びれは、ニコラの生き写しともいえるほどだ(p.28)。1947年生まれと考えられているから、この年42歳になる。そして、少し小柄の子どもはA50。私がジョンストン海峡での観察をはじめて以降の1984年に生まれた雌で、この年5歳になる。

じつはA30は、A39とA50の間にA40と名づけられた子を1981年に出産しているけれど、この子は2歳のときに亡くなっている。こうしてA30の家族は、ニコラを1987年に亡くしてからは、5頭の群れで暮らしていた。

A30の家族がつぎつぎに噴きあげる噴気が、ロブソン湾の背後の深い森を背景にたちのぼる光景は、見るものを幽玄の世界に誘う。この地に古くから住んだ先住民たちは、白く輝いてたちのぼるシャチの噴気に霊的な力を感じた。そして、鋸歯のように黒い背びれを連ねて海面を泳ぐポッドを、背に棘を並べた巨大な怪物に見たてたという。

私はその光景を一方で目で楽しみながら、同時に望遠レンズでも覗きながら、群れの姿を撮影していた。撮影される写真は、それぞれの個体を識別するためだけに使われるものではない。ときに別のポッドのメンバーと思われる個体が混じっているときもある。あるいは2頭で泳ぐシャチが、たがいに別のポッドのメンバーであることもある。そこでだれがだれと泳いでいたという写真がもたらしてくれる情報の蓄積こそが、野生のシャチの地域個体群のなかでのじっさいの暮らしぶりを明らかにしてくれるのである。

こうして覗くファインダーのなかで、ふともう1頭、群れに混じって泳ぐ幼いシャチをとらえた。それが何度か浮上するのを確認して、生まれてまもない子シャチであることを確信した。

よく見ると、A30が浮上し、呼吸をして潜りはじめるころに、そのすぐ後ろから幼い顔を海面に突きだす。その子は、A30につきしたがうように泳いでいく。じつはイルカも同じだが、クジラの子どもは母親の大きな体のすぐ後ろに位置することで、母親の泳ぎがつくりだす水の流れに乗って運ばれていくことができる。クジラの祖先が陸上にすんだ哺乳類の仲間から分かれて海に生活場所を移したとき、子を抱くための前肢は失った。しかし、彼らは水という媒体を使うことで子を"抱く"ことができるのである。

022　第1章　アメリカ、カナダの太平洋岸から

その子はまちがいなくA30の、この年に生まれた子どもである。自分のお婆さんを知らないニコラの最後の孫は、A54と名づけられた。私と相棒のJeffは、この家族と相当に距離をとった場所にボートを浮かべ、双眼鏡で家族のようすを眺めていた。

　A54は、ひとつ上の姉A50とくらべても、一段と小さく見える（しばらくあとになって、海面に生殖器を見せたときに雌であることがわかった）。A54は、母親のA30の後ろにぴったりとついているが、もちろん自分自身の力でも泳いでいる。そして呼吸で海面を割るときには、ほかの大人たちがまるで波が渡るように滑らかな動きで、噴気孔から背中と背びれだけを海面に見せるのに対して、精一杯の力で泳ぐ赤ちゃんは、小さなロケットが飛びだすように、不器用に顔を海面から突きだして見せた。

　そのとき、A54のアイパッチや下顎が、大人たちのように真っ白ではなく——すべてのシャチの赤ちゃんがそうであるように——褐色がかっているのが見えた。この色は、やがて淡い黄色へと色合いを薄めながら、3〜4年をかけて真っ白に変わっていく。シャチやイルカを含むクジラの仲間では、古い皮膚はどんどん剥げ落ちて新しい皮膚に置き換わっていく。この海峡でも出会うことができる1〜2歳のシャチたちのアイパッチや下顎が、ときに黄色の濃淡の斑模様になっているのは、皮膚を新たなものにしながら、少しずつ白さを増していく途中の姿である。

　ロブソン湾のちょうど中ほどまでやってきたA30の家族は、やがて泳ぎをゆるめ、大人たちはぽっかりと海面に浮かんだ。一方、まだ子どものA50とA54は、母親や兄たちのまわりを泳ぎながら戯れあい、ときにA54は甘えるように母親の背に乗りあげたり、その近くで幼い顔を海面から突きだしてあたりの風景を眺めたりした。シャチの

1988年当時のA30の家族群。前列左からA30（背びれの先だけが見えている個体）、A50、A54、後列左からA39、A6、A38。

家族の、ほんとうに水入らずの時間である。

　1970年代のはじめにこの海で野生のシャチの研究がはじまり、その成果とともにより多くの観光客が自然のなかで泳ぎ、家族で触れあうシャチの姿を見るようになった。こうして、かつての"海のギャング"という人びとのイメージは急速に変わっていった。

文化と伝統をもつ存在として

　太陽はすでに南天に達して、澄んだ光でバンクーバー島の原生の森とロブソン湾の海面を照らしている。幸いにいまは無風。鏡のように凪いだ海面が、海岸線にまで迫った森の光景を、逆さまにして映しだす。すべての調和がとれた世界がそこにあった。

　振りかえると、幅およそ３kmのジョンストン海峡が広がり、対岸にあって私たちがボートを浮かべる場所からでも、その樹々の１本１本さえ確認できる島はクレイクロフト島——私たちのキャンプがある島である。

　A30の家族が休息するのにあわせて、私たちもエンジンをとめて、ロブソン湾の風景のなかに浮かぶシャチたちの姿に見惚れていた。

　ふと、ボートのすぐ横で１匹のサケが海面に体を躍らせた。初夏から秋口まで、キングサーモンやギンザケ、ベニザケやカラフトマスなど、何種かのサケ・マスの仲間が各地の川に遡上して産卵するために、季節とともに種は入れかわりながらこの内海に集まってくる。ロブソン湾に流れこむシトカ川もまた、そうした川のひとつである。

　こうして海から遡上するサケ・マスは、アメリカグマ（私たちのキャンプを荒らす厄介者ではあったけれど、森のかけがえのない構成メンバーである）をはじめとした森の動物や森そのものを潤す一方、川によって運ばれる森からの恵みは、海そのものの豊かさの源にもなる。ロブソン湾生態保護区が海だけでなく、陸地側（森側）にもその範囲を設定しているのもそれ故である。

　内海に集まるサケ・マスの膨大な群れは、人にとっても動物にとっても季節さえめぐってくればまちがいなくもたらされるかけがえのない恵みである。この地に住んだ先住民は、サケ・マスがもたらす恵みや森からの恵みに支えられて、豊かな文化を築いてきたのは紹介したとおりだ。そして、後にくわしく論じるけれど、一部のシャチたちの暮らしさえ規定するようになった。いま私の

目の前を泳ぐシャチたちもまた、豊かなサケ・マスの恵みによって自分たちの暮らしをつくりあげてきた者たちである。

気がつくと微風がゆっくりとボートを流しはじめていた。ジョンストン海峡に流れる微風が刻む縮緬皺のような波が一条の帯になってのびていく。ここでは風は、波に形を変えて姿を現す。

遠望すると、そここにシャチの背びれが浮かぶのが見えた。A30 の家族だけでなく、この日いくつかの群れもジョンストン海峡に姿を見せていたのである。じつは、ふだんはひとつの家族群（サブポッド）で行動するシャチたちも、休息時などには集まって大きなポッドですごすことも多い。A30 の家族もひとつのサブポッドとして、A1 ポッドという大きなポッドに属している。彼らもまた、ロブソン湾に向かっているように見えた。

こうして休息のために集まったポッドは、横一列の隊列をつくることが多いが、そうしたときの群れの構成や浮上および呼吸のパターンは、当時の Jeff がもっとも力を入れていた研究テーマだった。いくつかのサブポッドが集まって休息するとき、彼らは横一列の隊形をつくることが多いが、その間きわめて協調的な泳ぎ方をするという[7]。

それぞれの個体は、3〜7回（1回が 10〜45 秒の）短い浅潜水を繰りかえし、そのあと 3 分ほどの長い深潜水を行う。睡眠中には、動きはさらに緩慢になり、深潜水は 5 分におよぶことがある。

そのとき、横一列に並んだシャチはサブポッドごとにまとまっているのが常だが、彼らのすべてがそろって長い潜水に入るわけではない。横列の一方の端にいるサブポッドが最初に潜り、1 分ほど後にその隣のサブポッドが潜り……とつづいていく。浮上するときもその順番だ。こうして横に触れあうほどの間隔で並んだポッドの間で、横一列にリズミカルに波が伝わるように、つぎつぎと潜水と浮上を繰りかえすのである。

＊

北部レジデントは、ジョンストン海峡を含むバンクーバー島の北部沿岸の文字どおりの住人である。そして、行動圏のなかのきまった場所をきまった目的に使っていると思われる。

たとえば、ロブソン湾を家族の休息の場所として使い、どこに海藻（ブルケルプ）の林があるかも熟知している。なかでもロブソン湾の少し東にある小さ

な浜ラビングビーチでのすごし方もまた、彼らの地域の住人としてのさまを彷彿とさせるものだ。

　その浜は、丸みを帯びた小石が海底に敷きつめられた浜で、レジデントのシャチたちが頻繁に訪れては、ていねいに体を浅い海底にこすりつけていく。体の古い皮膚や寄生虫を落とすためのラビングを行う浜として浜の名がつけられたが、この浜にやってきたシャチたちはほんとうに熱中してラビングを行う。

　じっさい付近の浜を見ると、同様に丸みのある小石が敷きつめられた浜がほかにないわけではないが、彼

ラビングビーチで、ラビングに興じるA30。生殖孔のさまから雌であることがわかる。1988年撮影。

らはとりわけこの浜を好んでラビングを行う。ほかの浜で同じ行動をしていることも観察はされているが、すごす時間や念の入れ方はラビングビーチでのそれが突出している。家族群でこの浜にやってくれば、小さな子どもたちは、母親や兄弟たちに習うようにラビングに興じるのである。

　そしてもうひとつ、私がジョンストン海峡で観察したもっと興味深いレジデントの行動がある。ジョンストン海峡に面したバンクーバー島やクレイクロフト島の沿岸は、（潮の干満によって多少異なるが）海中から海面上数mまで岩場が連なり、そのすぐ上にまでツガやトウヒの森が迫っている。岸沿いに泳ぐシャチは、そうした岩壁を横に見ながら泳ぐことになる。と同時に、餌のサケを追うときに、そうした岩場を利用することも多い。岩場より向こうにはサケが逃げられないからだ。

　こうした岩場にはところどころ大小の割れ目があり、ときに逃げきれなくなったサケが岩の割れ目に逃げこむことがある。岩の割れ目は、シャチが口をさし入れることができるほど広くない。一方でサケ（多くの場合はキングサーモン）も、割れ目の奥は行きどまりになっていて、立ち往生することになる。

　追うサケが割れ目のなかに逃げこむと、シャチのほうはしばらくは割れ目のなかを覗きこんでいるが、頭を岩の割れ目に向けた状態で、やがて体を大きく

上下に動かしはじめる。巨体の動きで海面が波だちはじめると、波は割れ目の奥に流れこんで盛りあがり、次の瞬間には反動で割れ目から流れだす。この流れが、ときにサケを割れ目から押しだすこともあり、シャチの口におさまることになる。

　この行動については、とくにA25（サメのような三角形の背びれをもつために、Jeffらは「シャーキー」という愛称で呼んでいた）と名づけられた個体が行うのを何度か観察しているけれど、この雌A25は1986年に子どもA51をもち、以来母子で狩りをする光景をよく目にしていた。とすればA51は、ジョンストン海峡ならではの地形を利用したこの狩りの方法を母親から学んで、自分でも行うことになるだろう。さらには、同じポッドのメンバーにも広まっていく可能性もある。とすれば、ラビングビーチの利用も、A25（シャーキー）が独創的に見せてくれた狩りの方法も、地域個体群のなかで世代を超えて伝えられるひとつの"文化"になる可能性もある。

＊

　私自身は、その後2001年にジョンストン海峡を再訪し、A30の家族の観察を行った。そのときは、A30の長男でかつて堂々とした背びれを見せて海峡を遊弋したA6が前々年に死に、1984年に生まれたときから私が知っている娘A50が、同じ年に最初の子どもA72をもっていた。A72は、背びれの前縁に深い切れこみがあり、背びれが多少曲がって見える（「ベント」という愛称が与えられている）ために、小さいながらも群れのなかでその存在に気づくことができた (p.28上)。

　そして、私が再訪した2001年は、A30の末っ子A54がはじめての子A75をもった年であった。私がジョンストン海峡で長くシャチを観察した時代から、完全にシャチの1世代が入れかわったのである。

　その後A30が2012年に、その次男A38が2016年に、三男A39が2014年に死んで、A30の子どもはA50とA54だけになってしまった。しかし、いまではA50は4頭の子と1頭の孫、A54は4頭の子（もう1頭産んでいるが、その子が4歳のときに亡くしている）と2頭の孫をもつにいたっている (p.28下)。かつて"ニコラの家族"と呼ばれた群れは、現在はその孫たちにあたるA50とA54の家族と呼ばれている。つまりは2世代が入れかわったことになる。

2000年当時のA30の家族群。(Ford, J.K.B. *et al.* 2000[6]より改変)

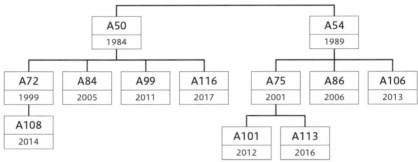

2018年当時のA50およびA54の家族群(それぞれの個体番号の下の数字は誕生年)。(Canadian Science Advisory Secretariat 2018[8]より改変)

南部レジデントの奇妙な"文化"

　じつは南部レジデントの間で、魚食性の彼らが食べもしないイルカ(同じ海域に生息するネズミイルカやイシイルカ)を襲って、ときに死にいたらしめる行動が1960年代から(現在にいたるまで)観察されてきた[9]。

　シャチはイルカに激しく体をぶつけたり、弱ったイルカを背に乗せて海面より上にもちあげたりするという。ときには、2頭のシャチが1頭のイルカを巨体ではさんでもちあげることもある。この行動は、当初は南部レジデントのなかでもLポッドだけに見られたが、やがてすべてのポッドのメンバーに広が

っていった。

　この行動について、「ただの遊び」と考える研究者や、イルカの子どもは南部レジデントがおもに捕食するキングサーモンの大きいものとよく似た大きさであり、「狩りの練習」と考える研究者もいる。いずれにせよ、若いシャチによく見られ、大人の雌シャチで見られる頻度が低いことは報告されているが、この事実が上記の2つの説のどちらかをより支持するわけではない。

　またイルカが死んでからも、しばらくその体をもちあげたりすることもあるが、死んだ自分の子を何日も運んでいた母シャチの例もあり、そうした行動が別の形で現れた結果とする説もないわけではない。

　いずれにせよ、この行動は ── 襲われるイルカには迷惑な話だが ── 南部レジデントの間で時間とともに広がってきた行動であることには違いない。本書でもこのあと、それぞれの海に生息するシャチの地域個体群の間で“流行る”さまざまな奇抜な行動を紹介することになるが、彼らのなかで“おもしろい”と感じられた行動が、仲間のなかに広がる例は、少なからず見ることができる。

　そのうちのあるものは、彼らの生存の可能性をより高めるものではないと思われるものもある。同時に、こうした社会的な適応性の高さこそが、彼らが世界中の海洋生態系のなかで生きつづけている力の根源にもなっているのだろう。

[1] Bigg, M. A. & Wolman, A. A. 1975. Live-capture killer whale (*Orcinus orca*) fishery, British Columbia and Washington, 1962–73. Journal of the Fisheries Research Board of Canada 32: 1213–1221.

[2] Baird, R. W. & Stacey, P. J. 1988. Variation in saddle patch pigmentation in population of killer whales (*Orcinus orca*) from British Columbia, Alaska and Washington State. Canadian Journal of Zoology 66: 2582–2585.

[3] Bigg, M. A., Ellis, G. M., Ford, J. K. B. & Balcomb, K. C. 1987. Killer Whales: A Study of Their Identification, Genealogy and Natural History in British Columbia and Washington State. Phantom Press, Vancouver.

[4] Erick, H. 1981. Orca, the Whale Called Killer. Firefly Books, Dutton.

[5] Stewart, J. D., Durban, J. W., Fearnbach, H., Barrett-Lennard, L. G., Casler, P. K., Ward, E. J. & Dapp, D. R. 2021. Survival of the fattest: Linking body condition to prey availability and survivorship of killer whales. Ecosphere 12: Article e03660.

[6] Ford, J. K. B., Ellis, G. M. & Balcomb, K. C. 2000. Killer Whales: The Natural History and Genealogy of *Orcinus orca* in British Columbia and Washington. UBC Press, Vancouver & University of Washington Press, Seattle.

[7] Jacobsen, J. K. 1986. The behavior or *Orcinus orca* in the Johnstone Strait, British Columbia. Behav-

ioral Biology of Killer Whale (Alan R. Lisa, Inc.) 135-185.

[8] Canadian Science Advisory Secretariat. 2018. Population status update for the northern resident killer whale (*Orcinus orca*) in 2018.

[9] Giles, D. A., Teman, S. J., Ellis, S., Ford, J. K. B., Shields, M. W., Hanson, M. B., Emmons, C. K., Cottrell, P. E., Baird, R. W., Osborne, R. W., Weiss, M., Ellifrit, D. K., Olson, J. K., Towers, J. R., Ellis, G., Matkin, D., Smith, C. E., Raverty, S. A., Norman, S. A. & Gaydos, J. K. 2023. Harassment and killing of porpoises ("phocoenacide") by fish-eating Southern Resident killer whales (*Orcinus orca*). Marine Mammal Science 2023: 1-22.

|第2章|

文化をもつ存在

鳴音の研究

　それにしても、私がジョンストン海峡で観察をつづけた1980年代は、Jeffを含む若い学生たちが野生のシャチについて、それぞれのテーマをもって精力的に調査をつづけた時期だった。もちろんその後も、さまざまな研究者が調査、研究はつづけているけれど、当時は新しい学問分野について熱気が渦まいていた時期でもあった。

　クレイクロフト島にある私たちのキャンプから少し西側に、高さ50mほどの海に突きだした崖がある。そこには、カリフォルニア大学サンタクルス校からの学生が常駐して、海峡を広く見渡せるその崖からシャチの動向を調べていた。そして海上にボートを浮かべて、遠望ができない私たちにも、海峡のどこをシャチのポッドが泳いでいるかを知らせてくれたりもした。

　その学生たちの中心的な存在がDavid Bain

ジョンストン海峡を望むクレイクロフト島の高台から観察をつづける学生たち。対岸はバンクーバー島。

で、シャチの鳴音の研究をしていた彼は、とりわけ鳴音と行動との間の関わりに注目していた[1]。当時、一辺が2mほどもある正四面体の各頂点につけられた4つの水中マイクに届く鳴音の時間差によって、水中で声を発するシャチの位置や移動を知ろうとする試みにも挑戦していた。その後も彼は、ウォッ

チング・ボートが出す水中騒音がシャチに与える影響などについて精力的な仕事を発表している[2]。

　ハクジラであるシャチは、イルカと同じように、海中でホイッスル（笛を吹くような音）と、エコロケーションのためのクリックス（パルス音）を発する。しかし、これらの音は海中ではごく短い距離しか伝わらない。シャチはそれらとは別にもうひとつ、パルスコールという声をもつ。パルス音がきわめて短い間隔で連続して発せられるために、私たちの耳には「キューン」や「ウィーン」などと、0.5秒より少し長い（ときには1秒を超える）ひとつながりの音として聞こえるものである。そして、私たちの耳でも聞き分けられるほどの違いがあるパルスコールが何種類もある。

　私たちの耳には、たとえば子どもたちが興奮したときなどに発する悲鳴のようなものもあれば、海峡の水に染み入るような音色のものもある。北部レジデントでは44種類の、それぞれに違いのあるパルスコール（discrete pulsed call）が知られている[3,4]。このあと話題にするシャチの鳴音とは、基本的にはこのパルスコールを意味する。

　シャチたちが休息したり、サケの群れを追うときにはほんとうに頻繁にこのパルスコールを発しあう。さらにこの声は、何kmも離れた場所からでも海中を伝わるもので、私とJeffはジョンストン海峡に面したキャンプの前の海に水中マイクを沈めておき、そこから聞こえるパルスコールから、シャチの接近がわかるようにしていたほどだ。

　このパルスコールについては、David Bainを含めて多くの研究者、学生たちが興味をもっていたが、John Fordらによって、その後の野生シャチ研究に大きな影響を与えることになる画期的な話題が提供されることになった。

　Fordら[5]によれば、レジデントのそれぞれのポッドは7〜17種類のパルスコールをもっているが、あるポッドとはそのうちの何種類かのパルスコールを共有し、別のあるポッドとはいっさい共有しないことがわかった。それぞれのポッドがもつパルスコール（の組み合わせ）は"レパートリー"と呼ばれるが、完全に同じレパートリーを共有する複数のポッドは存在しない。

　さらに、2つのポッドがパルスコールを共有する程度を調べてみると、共有の程度の高いものから低いものまでさまざま。おそらくポッドは過去において分裂してきたのだろうが、パルスコールの共有の程度は、どれだけ昔に、ある

いは近い時期に分かれたかを示しているのだろう、とFordらは推測した。つまりはパルスコールの共有の程度は、ポッドが分かれてきた歴史を反映していることになる。

また、どのポッド同士ではパルスコールをいっさい共有しないかを調べると、（ジョンストン海峡とその周辺に姿を見せる）北部レジデントの16ポッドが、3つのグループに分けられることがわかった。このグループは「クラン」と呼ばれ、同じクランに属するポッドは程度の差はあれ、なんらかのパルスコールを共有するが、別のクランのポッド同士ではパルスコールはいっさい共有されない。

とすれば、別のクランに属するポッド同士は、これまでも関わりがずっとなかったか、あるいは枝分かれをしたのが、同じクランに属するポッド同士よりもはるか昔に遡ることになる。一方、南部レジデントの3ポッドは、北部レジデントとは異なるひとつのクランとしてまとまっている。

Fordらによれば、ひとつひとつのパルスコールがなんらかの特定の行動と関係があるわけではない、とする。パルスコール（とその組み合わせであるレパートリー）はあくまで同じ群れのなかでたがいがその存在を確認しあうもので、ひとつの家族あるいはポッドに属すことを示す"バッジ"のようなものだという。とすれば、近親交配を避けるうえでも使われている可能性もある。

"方言"をもつシャチ

マスコミやジャーナリズムがつねに好む情緒的ないい方をすれば、「家族はそれぞれの家族に特有の声で語りあう」（正確には「それぞれのポッドは独特のレパートリーをもつ」）という話題は、多くの研究者やシャチウォッチャーたちの心を強くかきたてたことはいうまでもない。Fordらは、それぞれのポッドがもつ異なったレパートリーを「Dialect（方言）」という言葉で表現したが、この話題はこのあと、動物がもつ文化や文化の伝播という壮大な問題につながっていく。

さらにDialectについての話題は、ポッドのレベルから、そのなかに含まれる家族群（サブポッド）のレベルでも検討されるようになり、ポッドとしてではなく、そのなかのひとつの家族群に特徴的な声も見いだされるようになっていく。こうした声は、家族がたがいの存在を確認しあうときに、とりわけ頻繁

に使われる。

　こうして Ford のレジデントが Dialect をもつという報告——David Bain らも同様のテーマで研究をつづけていた——のあと、ポッドあるいはサブポッドのなかで新たに生まれたシャチが、どう自分のポッドやサブポッドの声を学んでいくかが調べられるようになった。こうして、以前から飼育下では、生まれた赤ちゃんシャチが、同じプールに同居するほかのシャチではなく母親の声をより積極的に学ぶことは漠然と知られていたが、野生下でも同様のことが明らかになりはじめた。

　母親を中心にした家族群において、その家族群がふだん出す声と、新しく出産があったときに出す声や、さらにそこから日数がたったときに出す声を比較すると、新しく出産があってまもなく（とりわけ数日間）は、"家族バッジ"とも呼べるその家族群に特有の声をより頻繁に発する例があることがわかった[6]。野生下ではそれぞれの声をどの個体が出しているかを知るのはむずかしいが、ポッドや家族群として新しいメンバーが加わったときに、自分たちに特徴的な声をふだんより頻繁に発していることになる。とすれば赤ちゃんのほうも、それを学ぶ機会は多くなる（ただし、赤ちゃんがそのコールを正確に発することができるようになるには 1 年ほどかかるようだ）。

　John Ford にはじまるシャチの鳴音の研究は、シャチという動物が生得的な行動だけでなく、自身の家族やポッドのなかで編みだされた行動や生活様式を、世代を超えて受け継いでいくきわめて文化的な存在であることを広く知らしめるものだった。そして、この事実は、シャチのひとつひとつの地域個体群、あるいはひとつの家族そのものが、かけがえのない存在であることを多くの人びとにより強く印象づけるものになったのである。

ポッドはどう分かれてきたか

　Ford らによって 1982 年にはじめて、レジデントのポッドがそれぞれ特有の声のレパートリーをもつことが発表されたとき、1968〜69 年にバンクーバー島周辺の海域から捕獲されて海洋動物園で飼育されながら、まだ生きていたシャチたちが発する声もあわせて調べられた。そして、彼らが捕獲されてから 10 年以上経過してもなお、自分がもともといたポッドに特有の声を出すことがわかった。

そのなかでハイアック２とヤカと名づけられた２頭は、捕獲された当時は体長３ｍ、まだ１〜２歳の赤ん坊であり、捕獲されてそれぞれが運ばれた施設では、同じ声のレパートリーで話すA5ポッドの仲間がまったくいなかったにもかかわらず、である。

　そして、もう１頭の雌であるコーキーはその後も水族館で生きつづけ、多くの子どもを残したことでも知られるシャチである。彼女の母親は、おそらく私がジョンストン海峡で観察をしていた1980年代には生きていたA23（同じくA5ポッド）で、私自身直接よく観察した個体と考えられている（2000年に死亡）。とすればコーキーはA23の最初の子どもで、もし当時捕獲されることがなければ、いまもバンクーバー島をとりまく海を、彼女の兄弟たちとともに泳ぎまわっていたはずだった（第１章で紹介したA25＝シャーキーも、A5ポッドのメンバーである）。

　結局コーキーは、50年以上を水族館のプールのなかですごすことになってしまった。このことは、水族館などにシャチという動物を長く閉じこめることへの倫理的、動物福祉上の問題に向けて大きな議論をまきおこし、さらにはシャチの保護に向けた広範な運動につながっていく。

＊

　さて、コーキーの出自がその声で明らかになったように、パルスコールは長く変化しないと当初考えられてきたが、その後の研究で少しずつ変わりうることも明らかになってきた。もちろん、ほかのパルスコールと区別ができなくなるほど急に大きく変わるわけではない。しかし、周波数や音の継続時間などひとつひとつのパルスコールがもつさまざまなパラメーターを総合して解析することで、長期の間に少しずつ変わっていくことがわかってきた。むしろ、あってしかるべき変化だろう。

　かつて同じサブポッドあるいは家族群に属しながら、成熟した雌が自分の子どもをもったときに、（もちろんポッド自体が変わるわけではないが）もとの家族から少し離れて、自分のサブポッドを形成する例は、ジョンストン海峡でも観察されている。

　A30の家族群が含まれるA1ポッドには、少なくとも私がジョンストン海峡で観察していたころには、A30のほか、A12の家族群（母親A12とその子どもたち）、A36の家族群があった。とくにA12は、A30の家族と同様ジョ

ンストン海峡に頻繁に姿を見せた雌で、私自身も A12 が自分の子どもたちを連れて泳ぐ姿をよく観察したものだ。

Michael Bigg らによってはじめられた長年の調査のなかで、A1 ポッドの複数の家族群は、以前はもっと頻繁

バンクーバー島の深い森を背景にジョンストン海峡を泳ぐ A30 の家族群。1988 年撮影。

にいっしょに観察されていて、たとえば 1970 年代には上記の 3 つの家族群は、A1 ポッドの観察機会の 63％ の機会にはいっしょに泳いでいたものだが、1980 年代には 32％ に、1990 年代には 14％ に低下したという[7]。

こうして、もともと完全に同じ声を使っていた複数の家族群が一定の距離をとりはじめたとき、それぞれがもつパルスコールに少しずつアレンジをくわえていくことは十分に予想できる。とすれば、パルスコールの類似度や共有の程度は、それぞれの家族群、ひいてはポッド同士のつながりの近さ、遠さを反映していると予想される。

ときには別の声をもった個体がポッドに流入して新たな声がそのポッドにもたらされる場合や、もともとひとつのポッドがもっていたレパートリーのなかのある声がやがて使われなくなる例も、Ford は可能性として想定する。いずれにせよ、もともと同じ声をもっていたシャチたちが、いくらかでも離れて暮らすようになれば、それぞれのグループのなかで独自に起こるなんらかの変化は、たがいの違いをより強めるように働くはずだろう。それは、別のポッドに分かれる過程とも考えられるかもしれない。

近年、世界中のシャチが勢力的に研究されるようになって、それぞれの海に生息するシャチたちが、それぞれの環境に適応して独自の暮らしを営んでいることが明らかになってきた。なかには同所的に（つまりは同じ海域に）異なる暮らしをする複数の個体群が存在することもわかってきた。

同じ種に属しながら、それぞれの環境や餌生物に適応した形態や生態をも

ち、それが遺伝的に固定されたものを生態型（エコタイプ）と呼ぶ。世界中に
さまざまな生態型のシャチが存在するが、本書はそれを明らかにしてきた世界
の研究者の足跡を紹介することを大きな目的にもしている。

　そして、1990年代から急速に発展しはじめる分子生物学の成果に支えられ
た遺伝子の解析技術によって、それぞれの生態型間の違いや、彼らがどのよう
に分岐してきたか詳細に描かれるようになってきた。その流れのなかで、そ
れぞれのシャチがもつ文化やその伝播についての話題は、あらためて注目され
ると同時に、世界のシャチ研究の大きな流れになっていくが、その嚆矢として
Fordによって明らかにされたシャチの"方言"の解明は、大きな一里塚にな
っている。

更年期をもつシャチ

　シャチのポッドでは、年長の雌が家族や群れの知恵袋としての働きをしてい
ることが、多くの観察者や研究者によって経験的に語られてはきた。そして、
それがシャチの雌の（雄にくらべても）長生きの理由だとも考えられ、
"Grandmother hypothesis"（お婆さん仮説）と俗に呼ばれたりもしてきた。

　じっさい私自身が1980年代にジョンストン海峡で観察をつづけていたこ
ろ、ニコラ（A2、A30の母親）というお婆さんシャチがまだ生きていて当時
は60歳代、自身ではすでに子を産むことは久しくなくなっていたが、まるで
群れを率いるような矍鑠さで泳いでいた。

　1984年には先に紹介したA50という孫娘が生まれていて、私自身はその
成長の初期から長く観察することができたが、母親A30が離れて泳いでいる
ときには、A50はお婆さんのニコラについて泳ぐことも少なくなかった。い
わば面倒見のいいお婆さんシャチでもあった。ニコラがとらえたキングサーモ
ンを、孫たちに分け与える行動も観察できた。

　ニコラだけではなく、レジデントの年長の雌が、とらえたキングサーモンを
自分の子どもや孫に分け与える行動はしばしば観察されていて、その社会のあ
り方の解明に一条の光を与えてきたが[8]、近年はさらに大きな話題に発展し
つつある。

　じつは、シャチの雌が繁殖年齢をすぎてからも長く生きることは、多くの研
究者や観察者にすでに当然の事実として受け入れられてはいた。ちなみに（ニ

コラの娘である）A30 自身でいえば、最後の子ども A54 を産んだのは 42 歳のときだが、それからさらに 23 年間生きつづけたことになる。つまり、シャチは動物のなかで人間とともに閉経というライフステージをもつ（コビレゴンドウやオキゴンドウもそうだ）数少ない動物である。

　その意味については、多くの研究者がさまざまなデータから考察をくわえているが、Brent らの報告は興味深いもののひとつである[9]。

　サケ・マスを中心に捕食するレジデントにとって、季節ごとに、あるいは年ごとに大きな変動のある獲物の群れがいるであろう場所に群れを導くのは、長年の経験が必要であろうことは想像しうる。じっさい南部レジデント（おもにキングサーモンを追う）を対象に調べられた結果では、家族群は一般に年長の雌に率いられるように泳ぐもので、餌資源が豊富にある年には繁殖年齢にある雌が先頭を泳ぐことが多いが、餌資源が少ない年には、さらに年長の（繁殖年齢をすぎた）雌を先頭に泳ぐことが多かったという。長く生きた年長の雌（寿命も雌は雄よりもはるかに長い）こそ、餌の多い場所を経験的に知っているからだろう。

　さらに、雌が繁殖年齢のあとも長く生きることについての進化的な意味あいについては、Foster らの 2012 年の研究がある[10]。

　結果はきわめて興味深いもので、お婆さんシャチが死んだとき、その子どもが年長の雄である場合には、雌である場合にくらべてはるかに生存率が低くなるということであった。たとえば 30 歳を超える雄では、その母親が死んだときの翌年の死亡率は（母親が死なない場合に比べて）13.9 倍に跳ねあがるのに対して、同じ年代の雌では 5.4 倍にとどまった。「30 歳を超える」という条件を外せば、母親が死んだときの翌年の雌（娘）の死亡率は 2.7 倍にとどまるのに対して、雄（息子）の死亡率は 8.7 倍にのぼる。

　また上記の報告では、家族群で泳ぐときに、ある程度年齢を経た子どもたちの場合、娘にくらべて息子のほうが母親のあとを泳ぐことの多いことが確かめられている。また雄にしても雌にしても、だれかについて泳ぐ場合は繁殖年齢にある雌よりも、さらに年長の雌について泳ぐ傾向が強いという。

　先にも書いたように、レジデントのシャチのポッドに生まれた子は雄であれ雌であれ、生涯そのポッドにとどまる。とすれば、お婆さんにとっては、自分の娘が産んだ子はそのポッドで育つ。一方、息子の子については、（近親交配

を避ける意味で）おそらく別のポッドの雌が産むことになるだろう。

　お婆さんにとっては、娘の子も息子の子も、ともに自分の血（遺伝子）を同じく4分の1担う存在である。そのなかで息子の子どもは、お婆さん自身、あるいはそのポッドが子育てのためのコストをかけることなく（さらに生まれた子は、自分の血をひくポッドのメンバーと餌資源をめぐる競争もすることなく）、自分の遺伝子を広めてくれる存在になる。このことが、年齢を重ねた雌のシャチがすでに成長した息子の生活をさまざまな局面で手助けすることの、進化史的な意味あいだろう。

息子を守る母親

　じつは本稿を書いている間にも、もうひとつ興味深い報告が発表されたのである。Grimes らは、レジデントのポッドのなかで、雄の体についた傷跡に注目した[11]。彼らの体には喧嘩や激しい遊びのなかで、しばしば仲間の歯による傷跡が残る。傷は、ときに深い場合には細菌感染にさえつながることがある。

　Grimes らは、ポッドに繁殖年齢をすぎた母親がいる場合といない場合で、雄の体についた傷跡の数が極端に異なることを突きとめた。一方で、雌や孫については、ポッドに繁殖年齢をすぎた母親や祖母がいる場合といない場合でも、体の傷の数は変わらない。つまり、繁殖年齢をすぎた母親は、自分の息子の体にほかの個体による歯型ができるだけつけられないように、"仲裁"などなんらかの方策をとっているらしい。

　一方で、母親がまだ繁殖年齢にある場合は、息子の体についた傷跡の数が母親がいない雄とくらべて大差ないという結果を見ると、繁殖年齢の雌なら当然もつはずの幼い子どもの面倒を見るのに忙しいからか、あるいはその年齢ではシャチ社会のなかでの"仲裁"能力をまだ備えていないからかは興味のあるところだ。

　年齢を重ねた雌の存在やその知識が、ポッド全体にメリットをもたらすことはいままで考えられてきたとおりだが、その直接的な保護行為が息子だけに向いていたという事実も興味深い。

＊

　さて、上記は繁殖年齢をすぎた雌が自分の子ども（とりわけ息子）の面倒を

見ることで、その生存を助けるという話題だが、同様に繁殖年齢をすぎた雌が同じポッドで暮らす孫たち（娘の子どもたち）に、雄雌にかかわらず有利さを提供していることを示した報告もある[12]。

　1）お婆さんシャチが生きている場合、2）まだ繁殖年齢にあるお婆さんシャチが死んだ場合、3）繁殖年齢をすぎたお婆さんシャチが死んだ場合、の孫たちの翌年の生存率を調べたもので、その結果は1）〜3）の順に孫たちの生存率が低くなっていたのである。つまりは繁殖年齢をすぎたお婆さんシャチが、なんらかの形で――Brentらが2015年に示したように獲物を探すうえで大きな助けになる場合もあるだろう――孫たちの生存をより強い形で支えていることになる。

　また先に、ニコラが孫たちに獲物のキングサーモンを分け与える行動について触れたが、近縁のものに「獲物を分け与える」行動についても、多くの考察がなされている。このことは、一般的には血縁選択説（自分自身が残せる子孫の数だけでなく、遺伝子を共有するものたちの繁殖成功率も進化に影響を与えるとする理論）によって説明されるだろう。とくに相手が子どもへの獲物の分け与えは、まだ狩りの技術が未熟なものへの餌の提供であると同時に、狩りの方法を習熟させるものと理解できるかもしれない。

　一方、年長の母親が自分の息子や娘に獲物を分け与える行動は、相手が息子の場合は年齢を重ねるにしたがって徐々に頻度は下がっていくだけだが、相手が娘の場合は、娘が繁殖年齢に達したときに頻度は一気にほぼゼロになってしまう[8]。雄はかなり後年まで繁殖可能であり、自分の血をひいた息子の生存をできる限り有利にすることは、ある意味で理にかなっているのかもしれない。

＊

　いずれにせよ、閉経は陸上動物ではヒトのみ、海生哺乳類としてはシャチ（レジデント）、コビレゴンドウとオキゴンドウ、ベルーガとイッカクという一部のハクジラ類だけで知られている。では、なぜそうした種だけか、という疑問は残る。

　確かに「子や孫の面倒を見るため」という説明は理解しやすいが、年齢を重ねた雌が繁殖をつづけない理由を説明していないし、ほかの種が閉経を経験しないことの説明にもならない。たとえばアフリカゾウやマッコウクジラのよう

な、母系性の緊密な社会をつくる動物も閉経を経験しない（年老いた雌——しばしば群れを率いるリーダー的な存在でもある）が、彼らはシャチとどう異なるのか。

　年齢を重ねた個体がもつ知識や経験などは、少なくとも社会性のある動物であれば、同じグループで暮らすメンバーの生存にプラスに働くことだけは確かだろう。そのあとは、繁殖しないで生きつづけることに関わる"コスト"と、それによって得られる"メリット"がどう相殺されるかについて、それぞれの種において検討されるべき問題になる。それについては、Croft らがくわしく論じている。[13]

　"コスト"についていえば、雌は妊娠をすればより多くの餌を必要とするため、同じ群れですごす母と娘はそれぞれが子どもをもつことに関しては強い競合関係にならざるをえない。

　Croft らの調査で、群れの若い雌が子をもったときと同時に年齢を重ねた雌が子をもったとき、年齢を重ねた雌の子の死亡率が 1.7 倍になることが確かめられた。ならば、年齢を重ねた雌は、そのコストまでかけて自身で子をもつより、上記のように自分に遺伝子をより効率よく後に伝えてくれる息子の面倒を見ることに"投資"をしたほうが有利ということなのだろう。

　ここであらためてアフリカゾウやマッコウクジラとの違いを考えるなら、シャチ（少なくともレジデント）なら生まれた子は雌雄ともにそのポッドに生涯とどまるのに対して、アフリカゾウやマッコウクジラでは雌の子は生まれた群れに生涯とどまるが、雄は群れを出ていくことにある。シャチのお婆さんにとって、面倒を見ることのできる息子がいつまでも自分の近くにいるのである。

　じつは、本稿を校正している最中に、ハクジラのなかで閉経がどう進化してきたかをくわしく論じる論文が、Ellis らにより発表された[14]。それによれば、閉経を経験しない種では、雌が自分の子どもが成熟に達するまで生きつづけるのは 36% にすぎないのに対して、閉経を経験する種では少なくとも最初の孫が成熟するまでは優に生きつづけることである。いずれにせよ Ellis らの議論は、シャチはもちろん私たちヒトを含めた社会進化の道筋について、新たな光をあててくれるだろう。

トランジェント

こうして、1970年代初頭にはじまった野生シャチの研究は、同じ海域に頻繁に姿を見せるレジデントの生態をつぎつぎに明らかにして、その実像が"海のギャング"とはまったく異なるものであることを、人びとに知らしめてきた。

ところが、調査が進むにつれて、レジデントほど頻繁にではないが、ときおり姿を見せる別の一群のシャチが存在することが明らかになった。このシャチたちは、北部レジデント、南部レジデントの行動圏はもとより、

上：レジデントのポッド。比較的多くの個体数を擁する。背びれの先端が丸みを帯びているものが多い。下：トランジェント。多くの個体で行動することはない。背びれの先端が尖ったものが多い。

さらに広い海域を泳ぎまわっており、「一時的に姿を見せるもの」の意味で「トランジェント」と呼ばれるようになった。

さらに研究が進むにつれて、レジデントとトランジェントが、行動圏の違いだけでなく——じっさいに採餌行動の観察や死んで漂着した個体の胃の内容物から——まったく異なる食性を見せることがわかってきた。沿岸に豊かに生息するサケ・マスを中心に魚類ばかりを捕食するレジデントに対して、トランジェントはトドやゼニガタアザラシ、イシイルカやネズミイルカを対象に海生哺乳類（と一部海鳥）食性であることが明らかになったのである[15,16]。

両者の外見の違いでは、レジデントでは背びれの先端がいくぶん丸みを帯びているのに対して、トランジェントは背びれの先端が尖った個体が多い。また、サドルパッチの形についてはBairdらがまとめている[17]。レジデントで

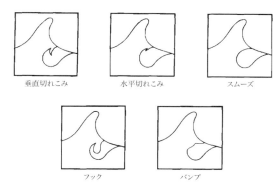

サドルパッチのいくつかの型。(Baird, R.W. *et al.* 1988[17]より改変)

は右図の5種類すべてが見られるが、トランジェントでは「フック」「垂直切れこみ」「水平切れこみ」などが見られないことも大きな特徴になる。

　あるとき、イシイルカが1頭のシャチの鼻先を泳いでいて、一瞬シャチが襲いはじめているかと目を凝らしたが、そのときにシャチのサドルパッチは「フック」型（つまりはレジデント）であり、しばしばイルカの仲間が大型鯨につきまとって泳ぐように、イシイルカのほうがシャチを遊び相手にしていただけだった。またトランジェントは、トドなど大きな獲物を襲うことがあるからだろう、背びれに大きな傷をもつものがいる。

　行動についても、レジデントとトランジェントでは大きく異なる。レジデントは、多くのメンバーを擁するポッドで移動するのに対して、トランジェントは2〜3頭で移動するのが常だ。それは、レジデントのシャチは大きな群れをつくるサケ・マスを中心に捕食するため、多くのメンバーで捕食が可能であるのに対して、トランジェントが狙う獲物であるアザラシやネズミイルカの1頭1頭は、せいぜい2〜3頭のシャチで分けあう程度のものだからだろう[18,19]。そのために、彼らのポッドで生まれた子どもは（レジデントでは雌雄にかかわらず生まれたポッドにとどまるのとは対照的に）、生まれたポッドから離れて暮らすことも多い。

　さらに、レジデントのシャチは、（とくにサケの群れを追うときなどには）距離が離れていてもたがいに聞きとることができるパルスコールを頻繁に発する。一方、トランジェントはふだんほとんど声を出さない。彼らの獲物である

イルカやアザラシたちが敏感にその声を察知するからだ（狩りが成功したあとには、さかんに声を出すこともある）。こうして、じつは同じ海域にまったく異なる生態をもつ2グループ、すなわち2つの生態型のシャチが共存することがわかったのである。

ちなみに、先の「閉経を経験するシャチ」については、これまではレジデントを前提に話が進められるのが多かった。しかし近年、トランジェントにおいても、（レジデントと社会のあり方が異なるにもかかわらず）雌は繁殖年齢をすぎたあとも長く生きることが確かめられた。とすれば、シャチの進化のなかで、レジデントとトランジェントが枝分かれをする前に、すでに同様の暮らし方を獲得していた可能性も考えられる[20]。

あるいは、さらにトランジェントの社会について深く調べてみると、子どもたちは成長すれば生まれたポッドから離れることがあるとはいえ、レジデントと同じように母親は娘以上に息子と緊密に暮らすことが多いことも確かめられた[21]。とすれば、トランジェントの雌が繁殖年齢をすぎたあとも長く生きる意味について、レジデントと同様に考えることもできるだろう。

トランジェントの狩り

まだ私がジョンストン海峡で観察をつづけていた8月のある日、私とJeffはトランジェント出現の報を無線で受けとった。トランジェントの観察機会はレジデントのそれにくらべてはるかに少ないために、その出現を耳にしたなら、なにをおいても観察にかけつけるのが常だった。その日、私たちは最初の目撃報告があったブラックフィッシュ湾へボートを急がせた。

ジョンストン海峡からブラックニー水路をぬけてブラックフィッシュ湾に出たところで、2頭のシャチに出会った。1頭

先端が引きちぎられた背びれをもつトランジェントM1。1986年撮影。

の背びれの先端が引きちぎられたようになっている。その特徴的な形から、M1と名づけられた雄であることはすぐにわかった。もう1頭は三角形に近いふつうの雌の背びれで（ただしその先端はレジデントより尖って見える）、おそらくは兄弟と思われるM2だろう（現在、北米北西岸のトランジェントはTからはじまる番号がふられており、M1とM2は現在それぞれT1とT2と名づけられている）。

　2頭は私たちがきた道をたどるように、ブラックフィッシュ湾からブラックニー水路を通ってジョンストン海峡に入りはじめていた。私たちはゆっくりとボートでつきしたがいながら、何度か途中でエンジンを切って水中マイクを沈めたが、トランジェントのシャチでは予想できたように、彼らの声が聞こえてくることはなかった。それは、トランジェントであるこの2頭が声を出していないからであるのはもちろんだが、そのときは近くに饒舌なレジデントのポッドがいないからでもあった。

　浅潜水と浮上して呼吸を何度か繰りかえしたあと、数分間の深潜水を行うのはレジデントと同じだが、少し雰囲気が異なる。というのは、レジデントのポッドが移動するときには、たいていは方向も速さもきわめて規則的な泳ぎで、彼らが深潜水を行っている間でも、海面にいる私たちが同じペースでボートを進めれば、つぎにもおよそ想像できるあたりに浮上してくるのが常である。

　一方、トランジェントの泳ぎは不規則で、浮上する場所も予想することがむずかしく、ときにはボートのはるか後方に浮上して、大慌てで引き返さなければならないこともめずらしくない。それでもなんとか、見失うこともなく1時間近く観察したときのことだ。

　2頭のトランジェントはふいに大きく泳ぐ向きを変えて、これまで進んできた道を引き返しはじめた。そのとき、私たちがあらためて水中マイクを沈めると、レジデントの発するパルスコールが、（まだ遠くからだったからだろう）かすかに聞こえてきた。これまで私たちが水中音を確かめながらボートを走らせてきた経緯を考えるなら、おそらくはジョンストン海峡を反対側（東側）からやってくるレジデントのポッドが現れたのだろう。それを察知したトランジェントが、彼らを避けるように方向を変えたと思われる行動であった。

＊

　また別のときには、彼らの狩りにも出会っている。大きな雄を含む3頭の

トランジェントが泳ぐ近くに、イシイルカの背が見えたときだ。

イシイルカはシャチと同様に体側が黒と白に塗り分けられたネズミイルカ科の1種で、北日本沿岸も含め北太平洋に分布する。尖り方が鈍い三角形の背びれの先端が白いために、海面に背びれが見えるだけでこの種だとわかる。

ふいに大きな雄が、海面に巨体を躍らせた。宙に舞いあがった巨体から海水が弾け散り、海面に落下した体は巨大な水柱をたてるとともに、あたりに爆ぜたような音を響かせた。その行動の意味あいがわかっているわけではないが、それにあわせて2頭の若いシャチが一気に動きを速め、体を海面に跳ね躍らせてイシイルカを追いはじめる。

イシイルカは高速で泳ぐときも、海面から体を跳ね躍らせることはない。背の一部と背びれだけを海面に見せて、特徴的な（ときに"ニワトリのとさかのような"とたとえられる形の）水しぶきをあげて泳ぎまわる。そしてその後方で、跳ね泳ぐ2頭のシャチの黒と白が交錯する。

2頭のシャチの姿が海面下に消えた直後のことだ。ふだんは宙に舞わないイシイルカの体が宙に舞った。それは自身の力で跳ねたのではなく、シャチの巨体によって跳ねあげられたものだった。

シャチがクジラやイルカなどを襲うとき、最初に歯を突きたてることはあまりない。イルカ程度の大きさのものなら巨体をぶつけることで相手を弱らせ、大きなクジラならそのひれをくわえて相手の動きを封じたり、子クジラなら上から乗りかかってその呼吸を妨げたりして、まずは弱らせることから狩りははじまる。

このとき、イシイルカが生きて海面に姿を見せたのはそれが最後で、つぎに波だつ海面のなかから2頭のシャチが姿を見せたときには、その口に肉塊がくわえられていた。もちろん狩りの瞬間は海面下にあって、そのようすはうかがい知れない。しかし、それぞれのシャチがくわえる肉塊のさまからは、そのときは2頭のシャチがイシイルカの体を前後からくわえあって、引き裂いたようにも思えた。

ちなみにシャチたちは、近くに浮かぶ私たちのボートの存在は認識していたようだ。そのうちの1頭は、まるで戦利品を誇示するかのように、獲物の残滓をくわえたまま船べりに接近して、顔を海面から突きだして見せた。じつはイシイルカを襲うシャチの狩りに、私自身三度出会っているけれど、そのたび

にシャチはこれと同じ行動を見せたものだ。

また、トランジェントが狩りのときに声を出さないことは紹介した。しかし、このとき私は何度か、海面からこぼれる声（パルスコール）を聞いた。じっさい、狩りが成功して獲物を分けあった

捕らえたトドをくわえて泳ぐトランジェント。

り、仲間で戯れるときにはよく声を出すことも報告されている[22,23,24]。

狩りの騒動が一段落し、3頭のシャチの背びれがぽっかりと海面に浮かんだときだ。彼らの間に広がる鈍色の海面のなかで、赤さを際だたせる塊が漂うのが見えた。双眼鏡で確認すると、どうやらイシイルカの内臓のようだ。

若い1頭のシャチがそれをくわえて少し潜っては、海面下で放したのか、ふたたび赤い肉塊が海面に浮上する。するともう1頭の若いシャチが、同様に扱う。こうして2頭の若いシャチたちは、まるでキャッチボールをするかのように、交互にくわえては放すという行動を繰りかえした。そして、やがてその肉塊を海面に残したまま、3頭はゆっくりと泳ぎ去っていった。

残された肉塊を確かめるためにボートを接近させてみると、まずまちがいなく2つの肺とそれに肋骨の一部がついた状態のものであることがわかった。2頭のシャチによってイシイルカの体が引き裂かれたときに、腹腔内からこぼれでたものだろう。肺であれば多少の空気は含まれていただろうから、海面に浮かぶこともあるだろうし、おそらくは食するに値しない部分でもあるのかもしれない。

じつは、このときを含めて三度、トランジェントのシャチがイシイルカを襲う光景に出会っているが、いずれのときも同じ情景を目撃している。そのうちの1回は、胃袋がいっしょに残されていて、回収してそのなかを見たとき、ほとんどのものは消化されていたが、残渣がサケの肉色を思わせる薄紅色に染まっているのを見た。

＊

こうして、「レジデント」と「トランジェント」という言葉は、当初は決まった場所への定住性、あるいは居場所を移動するさまから名づけられたものだが、やがてそれぞれの用語は「魚食性」と「海生哺乳類食性」であることがより強く意識されて使われるようになっていく。そして同じ海域に、レジデントとトランジェントという、同じシャチでありながらまったく異なる暮らしをする２つの生態型が生息することが、多くの生物学者を含む多くの人びとの興味をかきたてはじめる。

　一般に生物の世界では、同種に属する個体群が異なる暮らしをしはじめるのは、おもに地理的に隔離されたときで、たとえばガラパゴス諸島でその例が多く知られるように別々の島にすむようになったり、もとはひとつの水系だったものが分断されて、水生生物がたがいに行き来できなくなったりするときであることが多い。こうした地理的隔離こそが、２つの個体群の暮らしの違いを際だたせ、ひいてはそれが種分化につながるものとして広く理解されてきた。それでは、同じ海域に生息する複数の生態型のシャチたちは、どのように現れてきたのだろう。それについては第６章で詳述する。

　そして、話はそれで終わらない。その後、この海域にはさらにオフショア＝沖合型と呼ばれる、もうひとつの生態型が存在することが明らかになった。オフショアのシャチたちは、どうやらサメを中心に捕食しているようで、彼らの特徴である摩耗した歯は、ざらざらのサメの皮膚を嚙むことによるものと考えられている。

　こうして1980年代は、シャチがかつてイメージされた"海のギャング"とはまったく異なる実像をもつこと、Fordらによってシャチが"方言"をもつこと、さらに同じ海域に異なる複数の個体群が生息することなど、一般の人びとやジャーナリズムの注目に値する話題がつぎつぎに発表されることで、シャチという動物への関心が一気に高まった時代である。そして、多くの人びとが野生のシャチの姿を目にするために、ピュージェット湾やサンファン諸島、あるいはジョンストン海峡に押し寄せるようになっていく。

DNAの解析技術の発展とともに

　研究者なら、あるいはシャチを含む野生動物の生態に興味があるなら、レジデント、トランジェント、オフショアという３つの生態型のシャチがどのよ

うに登場し、遺伝的にどうつながりがあるのかを知りたいと考えるのは当然の
ことである。

　1990年代に入ると分子生物学の発展にともない、DNAの解析技術が格段
に向上する。この技術を使って、北部および南部レジデント、トランジェント
あるいはオフショアのシャチたちが遺伝的にどんな関係があるかが調べられる
ようになった。じつはこの分野での研究は、世界のシャチ研究のなかでももっ
とも重要なものとして発展し、世界のシャチがたどってきた道をより鮮明に描
きだしてくれることになる。

＊

　ちなみにDNAがもつ情報は、生物学の時間に学んだように、A（アデニ
ン）、G（グアニン）、T（チミン）、C（シトシン）の4つの塩基の並びで表記
される。つまり私たち自身を含むすべての生物の形態（やときには暮らし）
は、たった4つの塩基の並び方によって規定されている。それは、たとえば
英語の文化圏でいえば、26文字のアルファベットの並びだけで、無数の文学
を含むあらゆる文書、論考がつくられているのを考えれば、比較的理解しやす
いかもしれない。もっと極端な例でいえば、あらゆるデジタル情報は0と1
の並びだけで表現されることを考えれば、4文字ですべてが表現されることも
驚くにはあたらないといえる。

　この塩基の並びは、親から子へコピーされる形で伝えられていくが、そのと
きにコピーミス（偶然による塩基の置き換わり）が起こりうる。コピーミス
は、当然のことながら長い時間スパンのなかで、より多く起こりうる。そして
コピーミス、つまり塩基が置き換えられた新たな配列は、そのまま子孫に伝え
られる。

　さて、DNA解析について、初期からミトコンドリアDNAのDループとい
う領域がよく使われてきた。そのあと核DNAが使われるようになるのは、母
親だけから受け継がれるミトコンドリアDNAに対して、両親から受け継がれ
る核DNAがもたらしてくれる情報のほうが圧倒的に多いからだが、技術的に
むずかしいこともあったからだ（犯罪事件の捜査で、個人を特定する目的には
核DNAが使われる）。

　私たちヒトでいえば、核DNAはおよそ31億個の塩基配列で示されるが、
ミトコンドリアDNAなら（環状に並ぶが）1万6500程度、そのなかでDル

ープは 1000〜1100 程度の塩基からなる。

　こうしてミトコンドリア DNA のなかでも D ループ領域がよく使われるのは、なにより塩基配列が短くて扱いやすいこともあるが、同時にコピーミスがより高頻度に起こることが知られているからだ。そもそもミトコンドリア DNA におけるコピーミスの頻度は、核 DNA よりずっと高い（一般的には 10 倍程度）ことが知られているが、そのなかでも D ループ領域のコピーミスはさらに、ミトコンドリア DNA のほかの部分より数倍早い。

　何千万年、何億年もかけて起こる大進化についてではなく、それぞれのポッド、それぞれの個体群がどう分岐したかなどを視野に、けっして長くはない（おそらくは数万年という）タイムスパンを考えれば、多少なりとも頻繁にコピーミスが期待できるほうが、より解像度の高い情報が得られることはいうまでもない。

　そしてもうひとつ、塩基配列で表現される DNA 情報は、ふつうはタンパク質など生命活動をつくりあげるためのコードとして使われ、生物の体や暮らしに直結するために、本来ならコピーミスはその生物の生存にとって有利・不利に直接結びつく。それが不利なものであれば、せっかく起こったコピーミス（をもつ個体）は群れのなかでいつのまにか淘汰され、消えてしまっている可能性が高い。

　しかし、D ループ領域の塩基配列は、生命活動をつくりあげるためのコードとして働かないことが知られている。つまりは多少のコピーミスも、その生物が生存するうえで有利・不利に直接結びつかない。そのため、いったん起こったコピーミスがそのまま保持される可能性が高い。

　こうして、比較する複数の個体群間に見られる D ループ領域での塩基配列の（コピーミスによる）違いの多寡は、それぞれの個体群が遺伝的に分岐してからの、つまりはたがいに交流しなくなってからの時間の長さを直接反映していると考えられる。

　この分野で野生のシャチを対象にした研究の嚆矢と思われるのは Rus Hoelzel らによるもので[25]、まずは南部および北部レジデントとトランジェントの遺伝的な違いが調べられた。その結果は、南部レジデント、北部レジデントおよびトランジェントは、それぞれが繁殖のうえで隔離されており、完全に独立した個体群であること、さらにこの 3 つの個体群の間ではトランジェ

ントが、あわせて比較されたアルゼンチンやアイスランドのシャチと比肩しうるほどに、レジデントと遺伝的に離れている（より古い時代に、別々に暮らすようになった）ことが明らかになった。

　さらに Hoelzel らは 1998 年になって、より多くのサンプルを対象にして上記の議論を深めると同時に、とりわけレジデントのなかで見られる遺伝的な多様性がきわめて限られていることや、当時ようやく"オフショア"として認められるようになりはじめたシャチについて、レジデント（とりわけ南部レジデント）に近いものであることを報告した[26]。

　以降、Hoelzel をはじめ世界の研究者が、世界各地に生息するシャチからより多くの生体試料を採取（小さな鉤をつけた弩を使って、生きて泳ぐシャチの体から小さな皮膚片を採取するが、ときには死んで漂着したシャチの体から採取される場合もある）し、地球上の海に広く生息するシャチたちが、遺伝的にどう離れているか（どれくらい昔に枝分かれしたかを推測することができる）が競うように調べはじめられることになる。世界のシャチ研究者たちはいま、協力しあってシャチがたどった道を描きだそうとしており、そのことが本書の後半の最大のテーマにもなる。

[1] Bain, D. E. 1986. Acoustic behavior of *Orcinus* Sequences, Periodicity, Behavioral Correlates and an Automated Technique for Call Classification. In Kirkevold, B.C. & Lockard, J.S. eds. "Behavioral Biology of Killer Whales" pp. 335–371. Alan R. Liss, New York.

[2] Bain, D. E. 2002. A model linking energetic effects of whale watching to killer whale (*Orcinus orca*) population dynamics. A Report sponsored by Orca Relief Citizens' Alliance.

[3] Ford, K. B. & Fisher, H. D. 1982. Killer whales (*Orcinus orca*) dialects as an indicator of stocks in British Columbia. Report of the International Whaling Commission 32 : 671–679.

[4] Ford, K. B. 1987. A catalogue of underwater calls produced by killer whales (*Orcinus orca*) in British Columbia. Canadian Data Report of Fisheries and Aquatic Science Vol. 633.

[5] Ford, K. B. 1989. Acoustic behavior of resident killer whales (*Orcinus orca*) off Vancouver Island, British Columbia, Canada. Canadian Journal of Zoology 67 : 727–745.

[6] Weiss, B. M., Ladich, F., Spong, P. & Symonds, H. 2005. Vocal behavior of resident killer whale matrilines with newborn calves : The role of family signatures. Journal of the Acoustical Society of America 119(1) : 627–635.

[7] Ford, J. K. B., Ellis, G. M. & Balcomb, K. C. 2000. Killer Whales : The Natural History and Genealogy of *Orcinus orca* in British Columbia and Washington. UBC Press, Vancouver & University of Washington Press, Seattle.

[8] Wright, B.M., Stredulinsky, E.H., Ellis, G.M. & Ford, J.K.B. 2016. Kin-directed food sharing promotes lifetime natal philopatry of both sexes in a population of fish-eating killer whale, *Orcinus orca*. Animal Behavior 115 : 81–95.

［9］ Brent, L. J. N., Franks, D. W., Foster, E. A., Balcomb, K. C., Cant, M. A. & Croft, D. P. 2015. Ecological knowledge, leadership and the evolution of menopause in killer whales. Current Biology 25: 1-5.

［10］ Foster, E. A., Franks, D. W., Mazzi, S., Darden, S. K., Balcomb, K. C., Ford, J. K. B. & Croft, D. P. 2012. Adaptive prolonged postreproductive life span in killer whales. Science 337: 1313.

［11］ Grimes, C., Brent, L. J. N., Ellis, S., Weiss, M. N., Franks, D. W., Ellifrit, D. K. & Croft, D. P. 2023. Postreproductive female killer whales reduce socially inflicted injuries in their male offspring. Current Biology 33: 1-7.

［12］ Nattrass, S., Croft, D. P., Ellis, S., Cant, M. A., Weiss, M. N., Wright, B. M., Stredulinsky, E., Doniol-Valcroze, T., Ford, J. K. B., Balcomb, K. C. & Frank, D. W. 2019. Postreproductive killer whale grandmothers improve the survival of their grandoffspring. Proceedings of the National Academy of Sciences 116(52): 26669-26673.

［13］ Croft, D.P., Johnstone, R.A., Ellis, S., Nattrass, S., Frank, D.W., Brent, L.J., Mazzi, S., Balcomb, K.C., Ford, J.K.B. & Cant, M.A. 2017. Reproductive conflict and the evolution of menopause in killer whales. Current Biology 27: 298-304.

［14］ Ellis, S., Franks, D.W., Nielsen, M.L.K., Weiss, M.N. & Croft, D.P. 2024. The evolution of menopause in toothed whales. Nature 627: 579-585.

［15］ Baird, R. W. & Stacy, P. J. 1988. Foraging and feeding behavior of transient killer whales. Whale Watcher 1988 spring: 11-15.

［16］ Ford, J. K. B., Ellis, G. M., Barrett-Lennard, L. G., Morton, A. B., Palm, R. S. & Balcomb, K. C. 1998. Dietary specialization in two sympatric populations of killer whales (Orcinus orca) in coastal British Columbia and adjacent water. Canadian Journal of Zoology 76: 1456-1471.

［17］ Baird, R. W. & Stacy, P. J. 1988. Variation in saddle patch pigmentation in populations of killer whales (Orcinus orca) from British Columbia, Alaska, and Washington State. Canadian Journal of Zoology 66: 2582-2585.

［18］ Baird, R. W. & Dill, L. M. 1996. Ecological and social determinants of group size in transient killer whales. Behavioral Ecology 7(4): 408-416.

［19］ Baird, R.W. & Whitehead, H. 2000. Social organization of mammal-eating killer whales: Group stability and dispersal patterns. Canadian Journal of Zoology 78: 2096-2105.

［20］ Nielsen, M.L.K., Ellis, S., Towers, J.R., Doniol-Valcroze, T., Frank, D.W., Cant, M.A., Weiss, M.N., Johnstone, R.A., Balcomb, K.C., Ellifrit, D. & Croft, D.P. 2021. A long postreproductive life span is a shared trait among genetically distinct killer whale population. Ecology and Evolutuion 11(13): DOI: 10.1002/ece3.7756

［21］ Nielsen, M.L.K., Ellis, S., Weiss, M.N., Tower, J.R., Doniol-Valcroze, T., Frank, D.W., Cant, M.A., Ellis, G.M., Ford, J.K.B., Malleson, M., Sitton, G.J., Shaw, T.J.H., Balcomb, K.C., Ellifrit, D.K. & Croft, D.P. 2023. Temporal dynamics of mother-offspring relationships in Bigg's killer whales: Opportunities for kin-directed help by post-reproductive females. Proceedings of the Royal Society B. DOI: 10.1098/rspb.2023.0139

［22］ Baird, R. W. & Lawrence, M. DIII. 1994. Occurrence and behaviour of transient killer whales: Seasonal and pod-specific variability, foraging behaviour, and prey handling. Canadian Journal of Zoology 73: 1300-1311.

［23］ Deecke, V. B., Ford, J. K. B. & Slater, P. J. B. 2005. The vocal behavior of mammal-eating killer whales: Communicating with costly calls. Animal Behaviour 69: 395-405.

［24］ エヴァ・ソーリティス 2015.「アラスカ、プリンス・ウィリアム湾のシャチ」(『シャチ生態ビジュアル百科』誠文堂新光社)

[25] Hoelzel, A. R. & Dover, G. A. 1991. Genetic differentiation between sympatric killer whale populations. Journal of Heredity 66: 191–195.

[26] Hoelzel, A. R., Dahlheim, M. E. & Stern, S. J. 1998. Low genetic variation among killer whales (*Orcinus orca*) in Eastern North Pacific and genetic differentiation between foraging specialists. Journal of Heredity 89: 121–128.

|第3章|

北部北太平洋のシャチ

アラスカのレジデントとトランジェント

　カナダ、ジョンストン海峡があるブリティッシュ・コロンビア州の太平洋岸をより北方へ船で旅をすれば、やがてカナダを越えてアラスカ州に入る。その間、かつて大陸氷河の浸食をうけてできたフィヨルド地形はより壮大なものになっていく。海岸線はよりいりくんだものになり、海側では無数の島じまを散在させる沿岸水路が網の目のように広がり、陸深く入りこんだフィヨルドの最奥には、いまも氷河が海に流れ落ちる場所もある。

　かつて悠久のときをかけて流れた氷の河は谷筋を削りとり、急峻なフィヨルドを形成した。海面上昇によって入りこんだ海こそが、いま私たちが船やボートで旅する沿岸水路であり、島じまはか

かつて氷河に削られたフィヨルドがつくりだす沿岸水路。いまは針葉樹の巨木の森を茂らせた島じまが散在する。

つての丘や小山だったところだ。

かつて氷河におおわれた大地は、いまは豊かな降雨と海洋性気候のために緯度の割には穏やかな気候が育むトウヒやツガなどの深い森におおわれ、沿岸水路は島じまによって外海の荒波から守られて穏やかに水をたたえている。しかし、海面下の動きは激しい。

潮の干満にあわせて流れる海水は、島じまやいりくんだ水路に突きだした岬や、海中の起伏によってかき乱される。こうしてフィヨルドの深みからまきあげられる栄養分が、とりわけ夏には、北の国の長い日照をうけて海中にプランクトンを沸きたたせる。植物プランクトンの群れは動物プランクトンを、さらには小魚の群れを集めて、鯨類を含む多くの海洋動物をひきつける。

＊

アラスカ州のなかで、その東南部が太平洋岸でカナダの領土のなかへ深く入りこんだ場所がある。東南アラスカと呼ばれる地域だ。その沿岸水路は、初夏から秋まで北太平洋を回遊するザトウクジラの餌場として知られるが、彼らが求めるのは、膨大なニシンの群れである。

私は以前、アメリカ、ワシントン州のピュージェット湾から東南アラスカのジュノーの町まで、友人のヨットで1週間をかけて旅をしたことがある。いりくんだ沿岸水路をいく旅で、ひとつの島、ひとつの岬をまわっても、また同じような風景が現れて、迷宮のなかに紛れこんだような思いになったものだ。まだGPSがさほど普及していなかった当時、海図をしっかりと眺めていなければ、自分がどこを航行しているのかがわからなくなるほどだった。そしてこの旅でも、そこここでザトウクジラやシャチの群れに出会った。

迷宮（ラビリンス）とは、ギリシア神話に登場する怪物ミノタウロスを閉じこめるためにクレタの王がつくった宮殿だが、ここは原生の深い森がつくりだす凜とした風景、朝や夕には黄金に染まって輝く海の面と、そこにザトウクジラやシャチの噴気が輝いてあがる光景で、一度訪れたものの心を虜にしてしまう魔宮でもある。

この海をもうひとつ特徴づけるのは、ピュージェット湾やサンファン諸島周辺の海と同様に、産卵に向けて各地の川に遡上するために、初夏から秋まで季節にあわせて、キングサーモンやギンザケ、ベニザケやカラフトマスなど何種かが入れかわりながら沿岸水路に押し寄せるサケ・マスの群れの存在である。

そして、その存在がレジデントという際だった暮らしをするシャチたちの営みを支えている。

　1970年代初頭にカナダ、バンクーバー島の周辺ではじまった、野生のシャチを個体識別しながらその生態や社会のありさまを調べる試みは、その後このアラスカ沿岸にまで発展し、ここにもレジデントとしての暮らしをする独自のシャチ（アラスカ・レジデント）の存在を明らかにしたのである。

　膨大な数のサケ・マスの存在は、さらに別の動物群をこの海に集めることになる。トドやゼニガタアザラシといった鰭脚類であり、ネズミイルカやイシイルカという小型ハクジラ類である。アラスカからカナダ太平洋岸にかけての北米大陸北西岸は、その海の豊かさ故に、世界でも海生哺乳類がもっとも密度高く生息する海のひとつである。とすれば、トランジェントにとってもじつに魅力的な海になる。

　レジデントのシャチにしても、トドやアザラシにしても、ザトウクジラに代表されるヒゲクジラ類のように特殊な採餌器官をもたないものにとってこの海に膨大に存在するニシンは、1匹1匹のサイズからしてなかなか利用しにくい資源ともいえる。次章で紹介するノルウェー北極圏のシャチはニシンを追うが、そのニシンは産卵前の群れで体長30cmほどになるのに対し、夏のアラスカの沿岸水路で見るニシンはもっと小さい。それが、サケやマスという、獲物にするには手ごろな大きさのものたちを中継することで、この海の際だった豊かさを享受できるようになったのである。

＊

　私は1990年を最後に（2001年に旅行者として再訪してはいるが）ジョンストン海峡での観察を終えた直後から、おもなフィールドを東南アラスカに移すことになった。

　それには、多少の補足説明が必要になる。というのは、本来は東南アラスカを越えて、アンカレジの東方に広がるプリンス・ウィリアム湾を新たなフィールドにすべく事前の調査も行っていたからだ。

　プリンス・ウィリアム湾ではシャチが多く観察されるとともに、1984年からCraig Matkinらを中心に、カナダ、バンクーバー島周辺で行われてきたような個体識別を基本にした野生のシャチの生態調査が行われはじめていたからである。そして、1987年には、じっさい3週間にわたってプリンス・ウィリ

アム湾で、ジョンストン海峡で使ったのと同じボートで走りまわりながら、長く観察や撮影をつづけるにふさわしい場所を探していた。

この取材でも、シャチの群れに頻繁に遭遇した。あるときに出会ったポッドは、私たちのボートに接近し、そのなかの1頭の雌はボートの真下に潜りこんでボートとの併走を楽しみ、呼吸のたびに船べりに浮上して噴気を私たちに噴きかけていった。ときには、船べりで体を海面で横だおしにして、胸びれで海面を叩いて見せたり、ボートの後方にまわってスクリューが押しだす水と泡の流れをうけるのを楽しむかのように泳いだ。

もしもその光景を、シャチに対して"海のギャング"のイメージをそのまま もっている人が見たなら、肝を冷やしただろう。しかし私たちにとっては、むしろエンジンの回転数をあげて水中に騒音を響かせることや、スクリューを高速で回転させることがためらわれ、それまでのアイドリング状態のままたらたらとボートを走らせ、一方、シャチはしっかりとボートの動きにあわせて、私たちの足元の海中で黒と白の体を滑らせるように泳いでいた。

こうした体験を経て、ジョンストン海峡につづく取材地をプリンス・ウィリアム湾に移そうと決めていたときだ。取材から1年半後の1989年3月、思わぬニュースが世界をかけめぐった。3月23日、20万キロリットルの原油を積んだ大型タンカー、エクソン・バルディーズ号が、プリンス・ウィリアム湾のなかで座礁事故を起こし、4万2000キロリットルの原油が流出したという。

アラスカ州北部、北極海に面したプルドーベイの近くで採掘される原油は、アラスカの大地を縦断する総延長1280kmのパイプラインによって、プリンス・ウィリアム湾北部にあるバルディーズの町まで送られる。そしてバルディーズの港から、タンカーによって各地に運ばれる。事故を起こしたエクソン・バルディーズ号は、カリフォルニア

057

のロングビーチに向けて、バルディーズの町を出港したばかりだった。

　バルディーズの港は、プリンス・ウィリアム湾のなかの、さらに奥深い入江の奥に位置する。そこからプリンス・ウィリアム湾に出るためには、幅2kmに満たないバルディーズ水路を慎重に越えなければならない。この水路を無事に越えたエクソン・バルディーズ号が、ちょうど速度をあげはじめていたときのことだった。

　ちなみに、バルディーズ水路の西には、観光でもよく知られるコロンビア大氷河が海に流れこんでいる。この年、コロンビア氷河から崩れ落ち、海に流れでる流氷の群れが例年より多く、バルディーズの港から出航した船はいつもより東側の航路をとっていた。エクソン・バルディーズ号は必要以上に東側を通行し、そこにあるブライ岩礁に座礁した。船長の、飲酒を含むいくつかのルール違反や不注意の重なりが起こした事故だった。

　流れだした原油は、おりからの北東の風に乗って流れ、プリンス・ウィリアム湾のなかでもとりわけ明媚で変化に富んだ島じまが集まる湾西側の海域を直撃した。湾西側にはナイト島という美しい島があり、島のまわりの水路はシャチやゼニガタアザラシ、ラッコなど海生哺乳類が多く生息する海域でもある。私の3週間にわたる取材でももっともよくすごした場所が、原油流出事故でもっとも大きな被害をうけた場所になった。

　その後、2010年にメキシコ湾でもっと大規模な原油流出事故が起こるが、それまでは史上最悪といわれつづけた原油流出事故である。この事故で直接に命を落としたシャチやカワウソ、海鳥たちが数多くいたことはいうまでもないが、この海の生物たちに後年まで甚大な影響を与えつづけることが当然のこととして予想された。

東南アラスカの沿岸水路

　私は、当面プリンス・ウィリアム湾での観察、撮影はあきらめざるをえなくなった。それに代わって、東南アラスカに焦点をあてた。こうして1991年から結局16年間にわたって、毎年夏の何週間か東南アラスカの沿岸水路で観察と撮影を行うことになる。

　東南アラスカの沿岸水路は、ジョンストン海峡とくらべてはるかに広がりをもつ。ジョンストン海峡で使ったような小さなエンジンつきのゴムボートで

は、観察できるエリアは限られる。そのために、アラスカの州都であり東南アラスカの中心地ジュノーに住む友人がもつ船がその足になった。その船であれば、4〜5人が1週間程度の航海なら継続して行える。もしもさらに長い期間旅をしようとするなら、東南アラスカの沿岸水路に点在する町まちに寄港して、給油と食料の買い出しをすればよかった。

　それに東南アラスカの沿岸水路では、シャチ以外にも大きな観察対象がある。北太平洋を回遊するザトウクジラは、アラスカ太平洋岸からアリューシャン列島にかけての海を夏の餌場に利用するが、なかでも東南アラスカの沿岸水路はその代表的な場所である。さらに東南アラスカの沿岸水路を餌場にするザトウクジラは、数頭から十数頭が協力して行うバルブネット・フィーディングと呼ばれる豪快な餌とりの方法を行うことで知られている。じっさいザトウクジラのこの行動を観察するためにやってくるホエールウォッチャーも少なくない。

ザトウクジラの集団採餌、バブルネット・フィーディング。

　さて、1983年にプリンス・ウィリアム湾ではじまっていたCraig Matkinらのアラスカのシャチの研究は、東南アラスカにもおよんでおり、相当な個体数のシャチが識別されるとともに、ここでも魚食性のレジデントと、海生哺乳類食性のトランジェント（と私たちが出会うのはむずかしいオフショア）が共存することがわかっていた。

　興味深いのは、この海のレジデント（アラスカ・レジデント）は、ジョンストン海峡で観察したバンクーバー島北部を行動圏にもつ北部レジデントとは異なる個体群で、東南アラスカを中心に行動するポッドやプリンス・ウィリアム湾やその近くにあるキナイフィヨルド地域を中心に行動するポッド、あるいはその両方の地域を行き来するポッドもあることだ。

　Matkinらの研究がある程度まとまった1993年の段階で、アラスカのレジデントは13ポッド、278頭が確認されている（現在は30ポッド、950頭）。

ただし、その多くはプリンス・ウィリアム湾やそこから近いキナイフィヨルド沿岸を行動圏にしており、東南アラスカで見られるのは2ポッド、AFポッドとAGポッドに限られる。とはいえこの2ポッドは、ときには700km以上離れたプリンス・ウィリアム湾にまで移動することも確かめられている[1]（AFポッドとAGポッドを"東南アラスカレジデント"、それ以外を"プリンス・ウィリアム湾のレジデント"と呼び分けることもある）。

　一方、東南アラスカを含むアラスカ湾沿岸にはトランジェントも生息する。ジョンストン海峡で観察していたころ、トランジェントの観察機会はあまり多いものではなかった。しかし、東南アラスカに移ってからは観察機会は格段に増えた。ひとつは、ジョンストン海峡では小さいボートで限られた範囲内での観察であったのに対して、東南アラスカでは船を使用して相当に広い範囲を捜索できたからだろうが、同時に獲物であるゼニガタアザラシやトド、イシイルカやネズミイルカが多いからでもある。

　ちなみにカナダ、バンクーバー島周辺で見たトランジェントは、俗に"西海岸トランジェント"（West Coast Transient）と呼ばれる大きな個体群に属しており、その分布域は、南はカリフォルニアから北は東南アラスカにまでおよぶ。カリフォルニア州モントレー湾では、シャチがコククジラを襲う光景がしばしば目撃されているが、このシャチたちも西海岸トランジェントにあたる者たちである（じっさい、東南アラスカとカリフォルニア沿岸でトランジェントの同じ個体が目撃されていることはあるが、その頻度の低さと遺伝的な研究から、西海岸トランジェントを南北で2個体群に分ける研究者もいる[2]）。

　次ページの写真は、東南アラスカの北部に位置するアイシー海峡で2006年に撮影したものだ。手前の雄のはげしく傷ついた背びれが、トランジェントらしさを放っている。この典型的な背びれをもつ個体はT63（1978年生まれで、撮影時28歳）という、ほかの3頭ともども西海岸トランジェントに属する個体である。T63の写真を、ごく最近SNS上で見ることができたから、幸い彼はまだ生きてアラスカの海を泳いでいるようだ。

　一方、東南アラスカから西方へ、アラスカ湾からコディアック島沿岸を分布域にするトランジェントのもうひとつの個体群があり、アラスカ湾トランジェントと呼ばれる[3]。

　いずれにせよ、東南アラスカの沿岸水路でトランジェントに会えば、その不

規則な泳ぎ方や先端が尖った背びれの形状から、トランジェントであることはすぐにわかった。そして、いずれはハンティングの場面に出くわすかと、時間が許す限りつきしたがったものだ。

船での旅の途中なら、夕方までに港に帰る必要がない。1日中好きなと

東南アラスカの沿岸水路で出会ったトランジェントのポッド。手前は、背びれの後縁がぎざぎざに傷ついたT63。

ころを航海して、日が沈むころにどこか近くの入江に停泊すればいい。一晩をすごす停泊場になる入江を探すのは、このいりくんだ沿岸水路ではむずかしいことではない。

　ただ、時間をかけて出会ったトランジェントについて船を走らせても、そう思いどおりの光景に出会えるわけでもない。トランジェントたちは、トドやアザラシがコロニーをつくる岩礁や小島を熟知していて、きまってそうした場所を探索するように泳ぐが、トドにしてもアザラシにしてもシャチの接近を知ったなら岩礁や海岸の上にあがってしまう。それでも東南アラスカでの観察のなかでイシイルカやトドを襲う光景に何度か遭遇できたのは、何日もつづけて航海できる船を観察の足に使っているからであることはまちがいなかった。

　一方で興味深いのは、トドにしてもイシイルカにしても、トランジェントと（自分たちを襲うはずがない）レジデントの違いは認識しており、イルカがシロナガスクジラやザトウクジラなど大型鯨の鼻先やまわりを泳ぎまわることがあるように、ときにレジデントのシャチはイシイルカがそのまわりを泳ぎまわることも少なくない。このときは大型鯨やシャチはこのじゃまな存在にはむしろ迷惑気味で、しばしば泳ぐ向きを変えたりもするが、イルカたちはそれに臆せずつきまとうのが常だった。

　こうして毎年の夏の何週間かを東南アラスカの沿岸水路で観察しながら、一方でプリンス・ウィリアム湾の原油流出事故と油汚染からの回復状況を、現地の友人や漁師たちに訊ねつづけていた。そして、事故から13年目（最初の取

材を行ってから15年目）の2002年にプリンス・ウィリアム湾を再訪し、以来この海で（最初の何年間かの夏は東南アラスカとの両方を訪ねていたが）、コロナ禍がはじまる前の2019年の夏まで毎年欠かさず、プリンス・ウィリアム湾で観察をつづけることになる。

プリンス・ウィリアム湾

プリンス・ウィリアム湾では、アラスカのシャチ研究の中心的な存在であるMatkinにもほぼ毎年会うことができ、私のアラスカでのシャチ観察は取材地をプリンス・ウィリアム湾に移してから、一気にその深みを増すことになる。それに、少なくともレジデントのシャチの観察頻度は、東南アラスカにくらべて圧倒的に高いものになった。

シャチのポッドとは、1970年代初頭にカナダ、バンクーバー島周辺ではじまった研究によって明らかにされたように、メンバー構成がきわめて安定的な群れと理解されてきた。北部レジデント、南部レジデントについてはまさにそのとおりで、ひとつの家族群に属す雌が自分の子をもったとき、もとの家族群から離れて自分自身の家族群を構成する例はあったけれど、それでもやはり同じポッドのメンバーとして認識されている。

しかし、アラスカ・レジデントでは、Matkinらが観察をはじめた1983年からでも、ポッドが分かれたり、あるポッドのなかで以前はよく目撃された家族群が見られなくなったりと、それなりの変動が報告されている[1,4]。また、前章で書いた北部レジデントと南部レジデントはたがいに交流がないことがほぼ認められているけれど、東南アラスカを行動圏にもつアラスカ・レジデントのあるもの（AFポッド）は、バンクーバー島の北側にすむ北部レジデントのなかでもとりわけ北方に行動圏をもつポッドと交流をもつ可能性も指摘されている[5]。

ちなみにアメリカ、ワシントン州からカナダ太平洋岸にかけて生息する南部レジデントおよび北部レジデントの主要な獲物は（その大きさもあるのだろう）キングサーモンだが、プリンス・ウィリアム湾でレジデントのもっとも主要な獲物になるのはギンザケのようだ。私自身の観察でも、湾内で操業するサケ漁船によるギンザケの漁獲量が多い時期に、湾内でレジデントのシャチをより頻繁に見かけたものである。

アラスカ・レジデント、とりわけプリンス・ウィリアム湾のレジデントの変動については、私自身の20年におよぶこの海での観察のなかでも実感できることだ。その代表格は、ABポッドと呼ばれるポッドである。

　1983年にはじまったMatkinらの調査でも、1980年代にはABポッドはもっとも頻繁に見られたポッドで、観光船や釣り客のボートにも近寄ってくる、フレンドリーなポッドとして知られていた。1987年の私のプリンス・ウィリアム湾訪問時にも、何度も目にしたポッドである。

　先述した、私のボートの下に潜りこみ、後方からスクリューによる水の流れをうけながらボートにつきしたがった雌のシャチについて、後にMatkinに話したとき、それはAB8という個体だろうという。AB8はきまってスクリューの後方を泳いで、顔に水の流れや泡をうけるのを楽しむ癖があったという。Matkinらは、その奇抜な行動をジャグジー（バブルバス）に入るようすにたとえて、AB8を「バブル」というニックネームで呼んでいた。

1987年、プリンス・ウィリアム湾で出会ったAB8（バブル）。

　また、プリンス・ウィリアム湾は、ギンダラやオヒョウなどを捕獲するための底延縄漁がさかんに行われてきた場所である。プリンス・ウィリアム湾は深く、最深部では900mに達する。この湾の深さ500〜800mほどの海底に、2mおきに釣り針をつけたロープを、2〜4kmにわたって沈めてしばらく放置することで底生魚を捕獲する漁である。

　海底からのびた延縄の端は、ブイにつながれて海面に浮かんでいる。漁船は、ブイからはじまる何kmもの延縄をウィンチでまいて引きあげはじめるのだが、そのときにあがってくる獲物にレジデントのシャチが目をつけた。漁船のそばで待っているだけで、自分自身では潜っていけない深所に生息する栄養分に富んだ獲物を横どりすることができるのである。

　ウィンチがまわりはじめるとシャチたちが現れることから、彼らは延縄をま

きあげるウィンチがまわる音を、エンジンやそのほかの機械音から聞き分けているらしい。こうしてシャチに横どりされるのは、平均で水揚げされるギンダラの25%に達するというが、ときには1回の漁で獲れるうちで、ギンダラなど商業価値の高いほとんどの魚を、シャチに横どりされてしまうこともあるという。

　ベーリング海など北洋の漁業ではかなり以前から、シャチ（とマッコウクジラ）による底延縄漁の被害は報告されていた。一方、プリンス・ウィリアム湾でこの類いの漁業被害が報告されはじめたのは1985年のこと。それを最初にはじめたのが、好奇心に富んだABポッドらしい。

　銃でシャチを狙う漁師がいたとしても不思議ではなかった。背びれなどに銃弾による孔があけられた個体もいた。翌年86年には銃で撃つことが厳重に禁止されるようになるが、このわずかな期間にABポッドの5頭が銃弾のために命を落とした[6]。撃たれたシャチがその場で死ぬことはなかったが、多くがその傷からの炎症や壊死がもとで死んだという。

　じつは2002年以来、私がプリンス・ウィリアム湾での観察と撮影に使わせてもらっている船も、ふだんは底延縄漁を行う漁船で、船長によれば“被害”はいまでも続いているという。操業中にいったんシャチに目をつけられたら、船はシャチの群れに囲まれるほどだという。

　しかも、シャチたちは延縄の針から獲物を横どりする方法についても学習を重ねているようで、以前は獲物の体だけが噛み切られて、針にかかった頭部だけがあがってきたものだが、近年はシャチが口のなかで針をはずす術を覚えたのか、頭部もいっしょになくなっている例が増えている。

　そのため漁師たちは、プリンス・ウィリアム湾内にサケ・マスが多く、レジデントのシャチたちが魚群を求めて分散する初夏〜秋口にかけて操業することが多くなった。また、シャチが延縄を引きあげるためのウィンチがまわる音を聞き分けて、船に接近するようになったため、近くで操業する複数の船が交代でウィンチをまわして、シャチとの“モグラたたきゲーム”さえ試みているという。

　こうして、人との不幸な関わりをもってしまったABポッドだが、そこにエクソン・バルディーズ号の原油流出事故が起こる。ABポッドはこの流出事故によって、プリンス・ウィリアム湾のほかのどのポッドよりも大きく運命を変えたポッドになった。

Matkinによれば、事故の6日後の3月31日、湾内の海面にのびる原油の帯から少し離れた場所に、事故後はじめてABポッドを発見したという。事故が起こる前にはABポッドは36頭からなる群れだったが、そのとき確認できたのは29頭だった（36頭という多い個体数は、レジデントのポッドに特徴的なものだ）。

　Matkinらは、ほかの7頭が別のところで無事にいてくれることを願うだけだったが、その後数か月にわたる調査でも7頭は姿を見せず、結局、事故のおりに死んだものと判断せざるをえなかったという。あるものは、海面を厚くおおう原油のなかで、息もできずに命を落としたのかもしれない。

　その後、翌年の1990年までにさらに6頭が死に、ABポッドは23頭にまで数を減らす。姿を消したもののなかには、小さな子どもも、小さな子どもを残した母親も、「バブル」ことAB8もいた。ちなみにAB8は、その前年に子（AB41）を出産しており、まだ幼い子を残して逝ったことになる。

　バブルの子AB41は、事故から5年後の1994年に死んだが、研究者たちはこれを原油流出事故の"関連死"ととらえている。これでAB8が属した家族群そのものが、ABポッドのなかから姿を消すことになった。

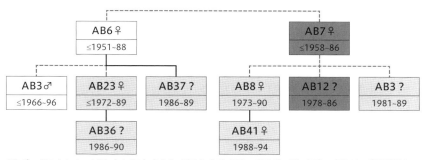

ABポッドのなかの、AB8（バブル）を含むAB6およびAB7の家族群。濃い灰色の個体は、底延縄漁との軋轢のなかで死んだもの。淡い灰色の個体は、原油流出事故によって死んだもの。残った2頭も1996年までに死に、ABポッドのなかでこの家族群は姿を消した。（Matkin, C.O. *et al.* 1999[5] より改変）

　こうしてABポッドはわずか2年たらずの間に36頭から23頭へ、3分の2以下の数になった。その後、個体数を回復した時期もあるが、ふたたび数を減らして2021年段階で17頭。いまでもプリンス・ウィリアム湾でときに出会うことはあるが、その頻度は、私がこの湾で継続的に観察をはじめた2002年当初からくらべてもずいぶん低くなった感がある。個体数の減少も一因だろ

うが、もうひとつはプリンス・ウィリアム湾のレジデントたちが、とりわけサケ・マスが沿岸に集まる時期に、湾内よりも湾を出て近くのキナイフィヨルド沿岸ですごすことが多くなっているからかもしれない[5,7]。

それに代わって、近年プリンス・ウィリアム湾でよく出会うのはAEポッドになった。頭数こそ2021年の段階で18頭と、とりわけ多いポッドではないが、2010年代に生まれた子も多く、それだけ遊び好きで、船のまわりでもよくすごすからだろう。そしてもうひとつの理由は、多くのプリンス・ウィリアム湾で見られるレジデントのポッドが外海で、あるいはキナイフィヨルドですごすようになっているのに対して、AEポッドだけは湾内だけを行動圏にしているからでもある。

アラスカ・レジデントの声

南部および北部レジデントについて、それぞれのポッドが特徴的なパルスコールのレパートリーをもつこと、さらにはそれが各ポッドのなかで伝えられる"文化"であり、それぞれのポッドが過去においてどう分岐してきたかという道筋に光をあてるものであることが、John Fordらによって明らかにされて以来、シャチの生態研究では、個体識別にあわせてパルスコールの分析は必須の手段になってきた。

プリンス・ウィリアム湾のレジデントである7つのポッドについても、同様の研究が行われている。その結果、7ポッド全体で26種（わずかな変異を含めれば39種）のパルスコールが確認された。それぞれのポッドは、（上記39種のうち）7〜16種のパルスコールを発すること、また、ある程度のパルスコールを共有するポッド同士もあれば、まったくパルスコールを共有しないポッド同士があることもわかった[8]。

なにがしかのパルスコールを共有する複数のポッドは「クラン」としてまとめられるが、調べられた7ポッドでいえば、AB、AI、AJ、ANポッドの4ポッドがひとつのクラン（ABクラン）、AD、AE、AKポッドの3ポッドが別のクラン（ADクラン）に属することがわかった。もちろんほかにもポッドがあり、それらがどちらのクラン、あるいは新たなクランに属するかは今後の研究を待つことになる。また、調べられた7つのポッドには、"東南アラスカレジデント"であるAFポッドとAGポッドが含まれていない。彼らについての

情報は、たいへん気になるところだ。

　そしてもうひとつ、この研究は興味深い事実を明らかにした。DNA のなかに見られる系群やグループに見られる特徴的な塩基の並びは「ハプロタイプ」と呼ばれるが、上記 AB クランに属する者は北部レジデントと同じミトコンドリア DNA のハプロタイプを、AE ポッドを含む AD クランに属する者は南部レジデントと同じハプロタイプをもつことが明らかになった。

　これはいったいなにを物語るのか。ひとつの理解は、プリンス・ウィリアム湾には過去のあるときにおいて、現在の南部レジデントと共通の祖先をもつ群れと、北部レジデントと共通の祖先をもつ群れが、別々の機会にたどりついてすみついたことが推察されるということだ。これについても、東南アラスカを行動圏にもつ AF ポッド、AG ポッドについての新たな知見を期待したいところである。

プリンス・ウィリアム湾のトランジェント——AT1 グループ

　プリンス・ウィリアム湾の外に広がるアラスカ湾にもトランジェントが生息していることは紹介した。彼らはプリンス・ウィリアム湾に入ってくることもあるらしいが、あまり奥まで入ることなく、長くもとどまらない。私自身も湾内では出会ったことがない。

　しかし、上記とはまったく別の、世界でもきわめて希有な存在のトランジェントが、プリンス・ウィリアム湾のなかだけで暮らしている。AT1 グループと呼ばれる個体群である。プリンス・ウィリアム湾の付近に住んだ先住民チュガッチの名に因んで、「チュガッチ・トランジェント」とも呼ばれることがある。

　トランジェントという名は、そもそもはレジデントにくらべて広い海を泳ぎまわり、1 か所には一時的にしかとどまらないためにつけられた名称だった。

　しかし、いまはその原意から離れて、北米北西岸（後述するが、いまでは北部北太平洋の西側、ロシア側にまで調査が進んでいる）に生息する、もっぱら海生哺乳類食性の生態型のシャチを意味するようになっている。つまり、AT1 グループは、行動圏こそプリンス・ウィリアム湾のなかだけに限られるものの、ゼニガタアザラシを中心に狙うトランジェントである。

　遺伝的にはアラスカ湾トランジェントに近いが、いまでは完全に独立した存在になった。いつのころか、ゼニガタアザラシをはじめとした鰭脚類やイシイ

ルカなどが多いプリンス・ウィリアム湾に入りこみ、そこでの暮らしに特化したグループである。しかし、いうまでもなくこの湾のなかだけで暮らすトランジェントなら、大きな個体数を要するのはむずかしい。

さらにAT1グループも、エクソン・バルディーズ号の原油流出事故によって大きな影響をうけた個体群である。私が最初にプリンス・ウィリアム湾を訪れたとき（すなわち原油流出事故が起こるまでは）、AT1グループは22頭を擁していた。ただし、ひとつのポッドではないので、22頭がいっしょに泳ぐ光景を見ることはまずなかった。

当時、私たちが目にしたのも、つねに2〜4頭からなる群れだった。ただし、レジデントと違って背びれの先端が尖っていることでトランジェントとすぐにわかったし、アラスカ湾のトランジェントは湾内深くまではまず入ってこない。そのため、湾内でトランジェントを見れば、ほぼまちがいなくAT1グループのシャチと考えてよかった。

そこに起こった原油流出事故により、1990年までにAT1グループは半分の11頭を失い、わずか11頭の個体群になってしまう。そして2000年には、さらに3頭を失う。こうして、私が本格的にプリンス・ウィリアム湾を観察地にしたときには、AT1グループは8頭になってしまっていた[7]。鯨類のなかで絶滅にもっとも近い個体群である。

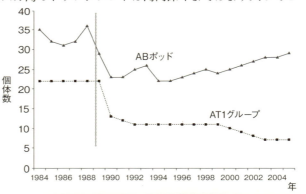

上：プリンス・ウィリアム湾のABポッドとAT1グループの個体数の変動。縦の線は、原油流出事故を示す。(Matkin, C.O. *et al.* 2008[7] より改変) 下：氷河がつくる浮氷帯のなかを、ゼニガタアザラシを探してすごすことが多かった雄AT14。

当時、AT1グループのなかでもっとも印象的な個体だったのは、AT14と名づけられた堂々たる背びれを誇る雄のシャチだった。彼は群れをつくることなく、しばしばフィヨルドの最奥で氷河が崩落する氷が浮氷帯をつくるあたりで目撃された。

　プリンス・ウィリアム湾の西端近くに、チェネガ氷河という美しい氷河がある。AT14がもっともよくすごした氷河である。

　近年、温暖化によりその氷河の後退ははげしく、年ごとにそのスケール感は失われているが、幅2kmにわたる氷河の前面で切りたつ氷壁から崩落する氷塊は無数の浮氷となって、ゼニガタアザラシの休息場所や、繁殖期には出産場所になっていた。いまでもゼニガタアザラシの姿は少なからず見ることができるが、東南アラスカのグレーシャーベイで起こっているように、温暖化によって崩れる氷が細かくシャーベット状になることで、浮氷がアザラシたちが休んだり出産したりするのにふさわしいものでなくなっていく可能性は高い。

　AT14は、こうして氷河のなかですごすアザラシを探して、独りで氷の間を遊弋（ゆうよく）するのが常だった。切りたつ氷壁を背景に、青磁色にも似たグレーシャーミルク色の海面から、勇壮なシャチの背びれが突きだす光景は、いまでも思いだすことができる。

　しかし、2004年に訪れたとき、その前年に氷河に近い海岸に1頭のシャチの死体が打ちあげられたこと、それがAT14のものであることを知らされた。そのとき以来、AT1グループは総計7頭のままだ。ちなみにこのグループに新たに子どもが生まれたのは1984年のことで、以来1頭も新たなメンバーが加わっていない。

　近年よく見かけるのは、AT2とAT3と名づけられた母子（AT3こそ1984年生まれの、AT1グループ最年少の個体だが、すでに39歳になる）と、彼女たちとよく行動をともにするAT4という雌だ（AT2と姉妹である可能性もある）。

AT1グループのAT3（左）とAT4（右）。近くにAT2がいるはずだが、写真には写っていない。

AT4は雌にしては背びれがきりっと屹立し、さらにその後縁のなかほどに半月型の切れこみがあるので、海上で出会ってもすぐに認識できる個体である。

レジデントのポッドでは母親が息子の面倒をよく見るという話題を紹介した。レジデントのポッドでは、そのなかで生まれた子どもは雌であれ雄であれ生涯をそのポッドのなかですごす。一方、トランジェントでは、先にも紹介したように2〜3頭で行動することが多い。とすれば生まれた子も、ときには母親から離れて行動することになるが、それでもAT2とAT3のように、母親がすでに成長した息子といっしょに行動することはしばしば観察されており(p.69)、彼らにおいても母親と息子の関係には注目したいところだ。

*

さて、プリンス・ウィリアム湾のトランジェントAT1グループのメンバーであることを感じさせるひとつの行動は、いりくんだ沿岸水路に散在する島じまの海岸線に沿ってひっそりと泳ぐことである。

AT1グループの主要な獲物は、この湾に多いゼニガタアザラシで、それについでイシイルカになる。とくにゼニガタアザラシは、氷河のなかだけでなく、沿岸水路に散在する島じまの海岸や岩礁に上陸場をもっている。海岸線に沿ってひっそりと泳ぐのは、そうした獲物を狙うからだ。トランジェントが別の島の沿岸に移動するときは、ひとつの島の沿岸から一気に水路を横切って、ふたたび対岸に沿って泳ぎはじめるといった具合である。

一方、レジデントが狙うサケ・マスの群れは、大群をなして太平洋から湾内にやってくる。そのため、レジデントは大水道のまんなかを、群れをなして泳ぐことが多い。プリンス・ウィリアム湾の入口付近には、湾内を外海から守るように細長いモンタギュー島が横たわるが、この島と、その西に浮かぶナイト島の間の大水道はモンタギュー水路と呼ばれて、直接太平洋につながる大回廊でもある。そのために、プリンス・ウィリアム湾のなかでレジデントのポッドにもっとも出会う可能性が高い場所として、私たちも繰りかえし探索する水路になっている。

レジデントのなかでAEポッドはプリンス・ウィリアム湾内から出ることはまずないと先述した。逆にそれ以外のレジデントのポッドは、キナイフィヨルドや遠くコディアック島周辺まで出かけるものも知られている。これらそれぞれのポッドの、プリンス・ウィリアム湾内で出会った場所をプロットしてみる

と、私たち自身が探索する機会が多いからということもあるからだろうが、モンタギュー水路にかなり集中しているのに対して、AE ポッドは比較的湾内の各地（とはいえ、私たちが観察するのはプリンス・ウィリアム湾のなかでも島じまが散在する西側に限られる）で出会っている。

　ちなみに AT1 グループのシャチが、島じまの岸沿いを泳ぐことが多いと書いたが、彼らが 2 タイプのハンティングをすることも確認されている[9]。ひとつは文字どおり島の海岸線に沿って泳ぎながら、ゼニガタアザラシを中心に（ときにトドも）襲う方法である。そしてもうひとつの方法として、ときに海岸線から離れてイシイルカを中心に狙うことも報告されている。

AT1 グループの声

　私自身 AT1 グループにはある程度の頻度で遭遇し、何度か水中マイクを通してその声をライブで聞いたことがある。彼らはトランジェントといえども、移動するときにはときに声を出している。

　AT1 グループの声については、Saulitis や Matkin らによってくわしく調べられている。そして彼らが、レジデントともプリンス・ウィリアム湾の外側にすむアラスカ湾トランジェントともまったく異なるパルスコールをもつことが確かめられている[10]。

　Saulitis によれば、AT1 グループは 14 種類の、ほかのどの個体群とも共有されない声をもっている。そのなかでとりわけ特徴的なものは、Quiet Call "ひそひそ声" と呼ばれる声であり、狩りのときに発するという。いうまでもなく、獲物に聞かれないようにするためだろう。獲物を探しているときには、この "ひそひそ声" 以外は出さないようにしているようだ。そのうちのひとつ

註：上記とは対照的な話題だが、これまでシャチは 1 万 8000 Hz くらい（人間の可聴域が上限 2 万 Hz 程度）までのホイッスルを発すると考えられていた。しかし近年、北大西洋のシャチが最高 7 万 5000 Hz[11]、北太平洋のシャチが最高 3 万 2000 Hz[12]にもなる高周波ホイッスルを発することがわかった。

　ちなみにこの程度の高周波は、小型ハクジラ類なら聞きとることはできる。ただし、周波数の高い音は遠くまで届かないために、近くにいるシャチたちが、少し離れた獲物に聞かれることなく仲間だけでコミュニケーションをとるには都合がいいものではあるだろう[13]。

の声は、ときに3秒くらいつづく長いものだが、600 Hz 以下のきわめて低いもので、獲物であるゼニガタアザラシが聞くことができる低音がせいぜい1 kHz 程度であることを考えれば[14]、非常に興味深い事実だ。

そしてもうひとつ、よく氷河近くで1頭で泳いでいた AT14 について、彼がフィヨルドのなかをいくときに水中マイクを入れてみると、長く響くような声を出していたものだが、それについても Saulitis の報告はひとつの回答を与えてくれるものになった。

AT1 グループでは、以前にも成長した雄が1頭で泳ぐことがしばしば目撃されてきたが、そのとき彼は長く（というよりは、いくつかのパルスコールをつづけて）発していることが確かめられている。これは、ほかのトランジェントでは知られていないものだが、AT1 グループという（けっしてひとつのポッドではないが）たがいに顔見知りであるはずの仲間に対して、自分の居所を知らせているのではないかという。

また、あまり声を出さないトランジェントがさかんに声を出すのが狩りが成功したあとであることは、どのトランジェントにも共通している。しかし、AT1 グループでは、ほかのトランジェントよりさらにさかんに声を出すこともわかった。

ほかのトランジェント（西海岸トランジェントやアラスカ湾トランジェント）なら、個体数も多く、いっしょに狩りをしていなくても、近くにある程度の仲間の存在が予想される。彼らに、自分が獲物を捕らえたことを知らせることはけっして得策ではないだろう。それにくらべてはるかに個体数が少ない AT1 グループならではの行動ではないか、と Saulitis は推測している。

AT1 グループの未来

いずれにしても、いまの7頭が姿を消せば、AT1 グループという特別なシャチの個体群とともに、彼らが育み伝えてきた文化や伝統も地球上から消え去ることになる。そして、AT1 グループは将来の生存に向けて、あまりに不利な条件を備えすぎている。

いうまでもなく、常識的に考えても個体群を健全に維持できる個体数をすでに切っていることは確かだろう。

そしてもうひとつは、彼らの餌資源についてである。プリンス・ウィリアム

湾で彼らの主要な獲物であるゼニガタアザラシは、1970年代初頭からは80%、エクソン・バルディーズ号による原油流出事故前からは63%個体数を減らしている[15]。

また、トランジェントは押しだまったまま獲物を探す"静かなハンター"であることは紹介した。声を出せば、獲物になるべきイシイルカなどは逃げ去ってしまうからだ。とすればAT1トランジェントを含むトランジェントは、"パッシブソナー"によって、つまりは獲物が出す音を遠くからひたすら聞き分けることで獲物を捕捉する。

一般にトランジェントの暮らしを考えるとき、彼らが狩りをする場所の近くにけっして船舶は多くないのが救いでもある。しかし、プリンス・ウィリアム湾では漁船は行き交い、海上交通もそれなりにさかんな場所である。こうした船舶が出す水中騒音が、彼らのハンティングの障害になることは十分に予想されることだ。さらに近年は、"魅惑のアラスカクルーズ"を謳うツアーが人気を博し、大型観光船がプリンス・ウィリアム湾内を航行する機会が急増している。

さらに、トランジェント全体がかかえる問題がある。シャチは、海洋生態系のなかで頂点にあるために、さまざまな汚染化学物質を体内に高濃度に蓄積していることは世界各地から報告されている。

もっぱら魚類食性のレジデントにくらべて、アザラシやイルカなど海生哺乳類食性のトランジェントは、食物段階では1段階高い位置にある。とすれば、海水〜プランクトン〜小魚を通してとりこまれ濃縮されるPCBs（ポリ塩化ビフェニル）およびDDTs（ジクロロジフェニルクロロエタン）に代表される汚染化学物質も、トランジェントではきわめて高い濃度で蓄積されることになる。閉鎖水域に生息する高位捕食者ならなおさらのことだ。

2000年にはRossらが、カナダ太平洋岸に生息する南部レジデント、北部レジデント、トランジェントについて、どれだけPCBsを蓄積しているかを調べた結果がある[16]。

第7章で詳述するが、Rossらの結果では、ジョンストン海峡を中心に生息する北部レジデント（雄）では最高37 ppm、生息域が北部レジデントにくらべてより人口稠密地に近く、またピュージェット湾など閉鎖水域も多い南部レジデント（雄）では最高148 ppmだったのに対して、トランジェント（雄）では（広い海域を泳ぎまわり、その多くが人口稠密地から離れているにもかか

わらず）250 ppm を超えていた（なぜここですべて「雄」で比較したかについては、第 7 章で詳述する）。

　こうした数字とくらべて、AT1 グループのシャチではどうか。トランジェントであり、生息域がプリンス・ウィリアム湾というきわめて閉鎖された水域であり、さらにエクソン・バルディーズ号による原油流出事故が生き残った個体にもどんな影響を与えているかが見通せないという悪条件が重なる状況を考えれば、けっして安心できる数字ではないであろうことは容易に想像しうる。じっさい、2000 年に死亡した AT1 という雄個体から採取されたサンプルからは、370 ppm の PCBs が検出された[17]。

　PCBs や DDTs が体内に高濃度で蓄積したときの影響が完全に明らかになったわけではないが、繁殖障害も十分に考えうる。先述したように、AT1 グループで 1984 年以来新たに子どもが生まれていない事実について、汚染化学物質の蓄積との関連を考えないわけにはいかない。

コククジラを襲うシャチ

　アラスカ沿岸に生息するシャチの生態研究は、アラスカ本土沿岸からアラスカ半島およびアリューシャン列島に沿って、より西へとその調査地が広げられていった。そのなかで、観察者やその成果を耳にする読者や視聴者の心を沸きたたせる話題が、アラスカ半島の先端あたりからもたらされることになった。コククジラをトランジェントのシャチが頻繁に襲うという話題である。

　コククジラは、初夏から秋口まではベーリング海やチュコート海など極北の海で、浅海の底生動物をたっぷりと食べてすごしたあと、秋の深まりとともに北米大陸の太平洋岸に沿って南への旅をはじめる。はるか南方、メキシコ、カリフォルニア半島の太平洋岸に散在する入江で、子を産み育てるためだ。このとき、コククジラはベーリング海からメキシコ沿岸まで、直線に近いコースはとらず、アラスカからカナダ、アメリカの太平洋岸に沿って旅をつづける。

　私はプリンス・ウィリアム湾への訪問時に、湾から出てキナイフィヨルド沿岸の観察にも何度か出かけており、そのときに何度かコククジラに出会っている。まさに沿岸を旅する途中のコククジラである。

　1988 年、北極海（アラスカ北側のボーフォート海）で、3 頭のコククジラが氷に閉じこめられ、（当時）ソ連の砕氷船までが参加しての救出劇が大きな

ニュースになったことがある。そのコククジラは、秋になって南への旅だちが遅れたクジラたちで、彼らが極北のボーフォート海を離れる前に、海が凍ってしまった結果のできごとだった。

こうして冬の終わりごろ、雌のコククジラはメキシコ、カリフォルニア半島の太平洋岸に散在する入江で出産し、子クジラが長い回遊ができるまでに成長する春に入江を離れて、極北の餌場に向けて旅だっていく。同じ季節、入江に雄や若いクジラたちも集まるのは、彼らが同じ入江で、翌年に生まれるべき子クジラを宿すために交尾を行うからである。

コククジラはこの大回遊を毎年繰りかえすことになるが、片道8000〜9000 km。哺乳類による季節的な渡りあるいは回遊としては、もっとも大規模なもののひとつである。

カリフォルニア半島沿岸の入江ですごすコククジラの親子。やがて極北の餌場に向けて回遊をはじめる。

春、カリフォルニア半島の太平洋岸に散在する繁殖のための入江から極北の海に旅だっていくのは、まずは若いクジラや雄たち。一方、子連れの雌は、子クジラの成長を待つために、旅だつのが最後になる。こうした子連れのコククジラは、シャチの群れに狙われやすいが、母子のコククジラにとって最初の大きな関門は、カリフォルニア州モントレー湾である。

沿岸を回遊するコククジラ親子はシャチに狙われにくくするために、ほんとうに岸沿いを泳ぐことが多い。小さな子どもを連れた母クジラの9割は、沿岸から200 m以内を移動するという報告もあり、沿岸に茂る海藻の茂みの間を泳いだりもする。

しかしモントレー湾では、その南北のなかほどで、深い海底渓谷が湾を二分する形で沖からまっすぐに湾奥に入りこむ。もともとアメリカ太平洋岸は北から流れる豊かな寒流カリフォルニア海流に洗われて生物生産のさかんな海だが、モントレー湾はこの海底渓谷によって生じる湧昇流が生物生産をいっそう

さかんにして、マイルカやハナゴンドウといった小型ハクジラ類や、カリフォルニアアシカやキタゾウアザラシ、ゼニガタアザラシなどの鰭脚類など、多くの海生哺乳類の暮らしを支えている。

多くの海生哺乳類が生息すれば、トランジェ

モントレー湾でコククジラを襲うシャチ。

ントのシャチたちにとっても魅力的な場所になる。先に紹介した西海岸トランジェントの一部が、この海でキタゾウアザラシなどを狩ることもめずらしくない。同時に、一年のある季節にきまって通過する子連れのコククジラも、トランジェントたちの格好の標的になる。

子連れのコククジラがモントレー湾を北に向かって回遊するのは、4月中旬から5月上旬にかけて。それまではシャチの目から逃れるために海岸に近い場所を回遊してきたコククジラの母子も、モントレー湾では隠れ場所がいっさい期待できない深い海底渓谷の上を横切らなければならない。そしてそのときが、シャチにとっては格好の狙いどきになる。

モントレー湾は、ホエールウォッチングもさかんに行われる場所で、シャチによるハンティングは多くの観光客にも目撃されている。モントレーの町をベースに、シャチの生態研究を行うNancy Blackによれば、モントレー湾でシャチに襲われるコククジラの子どもの数は年によって異なり、0〜18頭という。

「観察頻度の高いシャチの家系図をつくったところ、コククジラをよく襲う血縁集団は7つあり、各家族は2〜7頭、総勢30頭からなるグループであることがわかった。モントレー湾でコククジラを襲う群れはほかにも8〜10家族程度が知られているが、おもなグループほど観察例は多くない。このことは、モントレー湾を中心に暮らす家族がいる一方で、ふだんはほかの場所で暮らし、コククジラの回遊時期にだけ湾を訪れる集団もいることをうかがわせる」[18]。

一方、幸いモントレー湾を無事北に越えることができたコククジラは、アメリカ、オレゴン州からワシントン州沿岸、カナダからアラスカ沿岸を回遊した

あと、西に向かってのびるアラスカ半島に沿って泳ぐ。その後、半島の先端に
あるウニマック島の先に開けたウニマック水路 (p. 54) が、太平洋からベーリ
ング海に向かう多くの船舶の通路になっているように、ベーリング海やその先
のチュコート海やボーフォート海に向かうコククジラたちにとっても、この水
路を通るのが最短コースになる。それにあわせて、シャチたちが親子のクジラ
を狙う格好の場所になる[19]。

モントレー湾でもそうだが、シャチがコククジラの親子を襲うときには似た
方法をとる。狩りは、まずは母子を引き離すことからはじまる。ほんとうの狙
いは子クジラだが、そばに体長 12〜13 m に達する母クジラがいれば、狩り
は厄介なものになるからだ。ときには、抵抗する母クジラが尾びれを跳ねあげ
ることもあり、それが直撃すればシャチでもただではすまない。

シャチたちは母子の間に割りこみつつ、同時に別のシャチたちが子クジラに
体をぶつけたり、その体の上に乗りあげたりして子クジラの体を海面下に沈め
ることで弱らせる。ときには、それを継続することで、子クジラを溺れさせる
こともある。子クジラといえども、それが元気なうちにシャチが歯を突きたて
ることはむずかしい。

一方、シャチに狙われたコククジラのほうは、(モントレー海底渓谷域では
むずかしいが)浅瀬に向かって逃げる行動をとるのが常だ。シャチによって沈
められる危険が少ないからだ。また、シャチは大型鯨を襲うときには相手の動
きを封じるために、胸びれに噛みつくこともあるが、コククジラはそうされな
いよう、海面で体を回転させる動きも見せる。じっさい大海原を泳ぐコククジ
ラが胸びれや尾びれを海面に見せたとき、何本かの筋が平行に走る傷跡を見る
ことは少なくない。シャチの歯形である。

アラスカでシャチの生態を長く研究する Matkin の話では、「きわめて大雑
把な計算だが」と前置きしつつ、「毎年この時期にウニマック水路に集まるシ
ャチが約 1000 頭として、彼らの胃袋を満たすには、およそ 100 頭の子クジ
ラと、20 頭の若いクジラが必要になるだろう」という。

「メキシコ、カリフォルニア半島沿岸の繁殖域から極北の餌場に向けて、北
方に回遊する子クジラの個体数が、カリフォルニア州中部で数えられている。
その数は年によって変動があり、250〜1500 頭。その計算は相当に不確かな
ところもあるとはいえ、ウニマック水路というひとつの海域だけで、その年に

生まれる8〜50%（平均35%）もの子クジラが捕食されることになる。それはコククジラの個体群全体にとっても相当に大きな影響を与えるものといえるだろう」。[20]

　ちなみに、子連れのコククジラがウニマック水路付近に現れるのは、一年のなかでも限られた季節（5〜6月）だ。しかし、ベーリング海に浮かぶプリビロフ諸島は、キタオットセイが毎年60万頭（かつては200万頭ともいわれた）が繁殖のために訪れる。

　キタオットセイは、繁殖期がはじまる6月に、雄が海での回遊生活から島に戻って繁殖のためのなわばりを構える。そして、雄に数週間遅れて雌たちが島に上陸して出産を行う。雌は出産してからまもなく発情期を迎えて雄と交尾を行うが、雄たちにとっては自分のなわばりのなかにいる雌たちとの交尾を終えれば、島での役割は終わってしまう。そのために、ふたたび餌を求めて回遊生活を行う。したがって、島に滞在するのは平均でわずか45日程度だ[21]。

　一方、雌のほうは4か月にわたって子への授乳と、それぞれ1週間ほどの採餌旅行を繰りかえす。したがって、少なくともキタオットセイがプリビロフ諸島で暮らす（とりわけ雌が採餌旅行を繰りかえす）季節は、ウニマック水路でコククジラを狙っていたものと同じトランジェントのシャチたちにとって、格好の獲物になることは想像に難くない。

より西へ

　カナダ太平洋岸からアラスカ湾沿岸へと、調査域をより西へ広げてきた野生シャチの生態調査だが、その対象地域はアリューシャン列島へのびていく。

　私自身は、1985年にカムチャッカ半島から千島列島北部を取材で訪れ、パラムシル島とオネコタン島の間、俗に「第4クリル海峡」と呼ばれる海峡——島間が広く、北太平洋とオホーツク海の間を行き来する船舶の主要な航路であるとともに、多くの鯨類の通り道にもなっていると聞いた——で、カニ漁船に同乗させてもらっての調査のおりに、多くのシャチを目撃している。その後、2005年にはカムチャッカ半島を再訪し、カムチャッカ州の州都ペドロパブロフスク・カムチャツキがあるアバチャ湾と、その南にあるスタリチコフ島の周辺でシャチを観察している。

　ちなみに、ロシア、カムチャッカ半島沿岸では、ロシアの鯨類研究者

Burdinらが中心になって1999年に設立されたFEROP（Far East Russian Orca Project＝極東ロシア計画）によって、以前からカナダ太平洋岸で

行われたものと同様の調査が開始された。おもな調査地も、頻繁にシャチが目撃されるアバチャ湾と、その南にあるスタリチコフ島の周辺である。さらにその後、カムチャツカ半島の180 km沖に浮かぶコマンドル諸島周辺でも調査されるようになった（コマンドル諸島は、毎年29万頭のキタオットセイが繁殖のために訪れる、本種のプリビロフ諸島につぐ第2の繁殖地である）。私が1985年にコマンドル諸島へキタオットセイの観察のために訪れたときも、はるか彼方の沖合であったけれど、シャチの背びれが通過するのを双眼鏡ごしに目撃している。

　こうしてFEROPの調査によって、同じ海域でくりかえし目撃されて定住性が高く、サケ、ホッケ、タラなどを中心に捕食する魚食性のレジデント（北部北太平洋に広く生息するレジデントに特徴的なミトコンドリアDNAの塩基配列＝ハプロタイプ＝をもつ）と、ミンククジラ、キタオットセイ、イシイルカなどを中心に捕食する海生哺乳類食性のトランジェント（北太平洋に広く生息するトランジェントと同じハプロタイプをもつ）がいることが確かめられてい

註：「レジデント」および「トランジェント」という名称は、第1章でも紹介したとおり、カナダ、ブリティッシュ・コロンビア州およびアメリカ、ワシントン州沿岸で野生シャチの生態研究がはじまったときに、その行動様式および行動圏の違いから与えられたもので、その後それぞれ「魚食性」および「海生哺乳類食性」という意味がより重要視されるようになってきた。名称が、それぞれの生態型の特徴を端的に表したものでなくなっていることから、とくにロシアの研究者を中心にそれぞれ「Rタイプ」「Tタイプ」といいかえられることがある。

る[22]（一方、カナダ、アラスカ沖で見られるオフショア特有のハプロタイプ
をもつものは、ロシア沿岸からは見つかっていない）。

　レジデントと考えられる個体には、以前 Baird らが示したサドルパッチ5
型 (p.43) のすべてが見られるのに対して、トランジェントと考えられる個体
のサドルパッチには「フック」「垂直切れこみ」「水平切れこみ」が見られない
ことも、カナダ、アラスカ沿岸に生息するレジデント、トランジェントと共通
する。遺伝的にもその両者か隔離されていることも確かめられている[23]。

　また、生体試料のなかの窒素同位体比によって、栄養段階を調べるという研
究方法がある。天然の窒素の同位体（原子番号は同じだが、質量数が異なるも
の）には、質量数 14 の窒素 14（自然界ではこれが大半を占める）と質量数
15 の窒素 15 が混在し、生物の体をつくっているアミノ酸にもそれらが一定
の割合で含まれている。窒素同位体比とは、アミノ酸に含まれる窒素 14 と窒
素 15 の存在比から一定の計算式によって算出される指数だが、栄養段階がよ
り高い（食物連鎖のより上位にある）もの、あるいは栄養段階のより高いもの
を食べているものほど、窒素同位体比が高いという傾向のあることが知られて
いる。この報告でも、海生哺乳類食者と思われるものの数値が、魚食性と思わ
れるものよりも有意に高いことが確かめられている。

　こうして、アラスカからアリューシャン列島を経てカムチャッカ半島、千島
列島にいたるまで、レジデントと呼ばれる魚食性のシャチと、トランジェント
と呼ばれる海生哺乳類食性のシャチが、それぞれの海域で共存していることが
明らかになってきた。ただし、上記の広大な海域を考えれば、レジデントはレ
ジデントで、トランジェントはトランジェントで、それぞれ地域的な亜集団に
分けられることは容易に想像できることだ。

　アリューシャン列島とひとくくりにされてはいるが、たとえば西経 170 度
あたりに浮かぶサマルガ島の西で、島の連なりがとぎれる場所がある。このサ
マルガ海峡や、さらに西方（東経 175 度あたり）で島の連なりがとぎれるバ
ルディア海峡などは、生物の分布にあたっての地理的障害とも考えられるかも
しれない。

　当初、こうした地勢学的な情報と、個体識別されたシャチの目撃例から、あ
る程度の亜集団に分かれるであろうことは予想されていたが、より精度の高い
遺伝子解析を行うことで以前よりさらに精度の高い亜集団の認定が可能になっ

た。

　Parson らの報告[24]で、アメリカ、ワシントン州沿岸からはるか西のカム
チャッカ半島沿岸までに広く分布するレジデントのシャチ 270 個体について、
ミトコンドリア DNA の D ループの遺伝子配列を調べてみると、3 つの型
（それも遺伝子配列のなかのひとつの塩基にしか違いがない）にしか分けるこ
とができないことがわかった。しかし、後に 117 個体を対象に（D ループだ
けでなく）ミトコンドリア DNA 全体の遺伝子配列を解析すると、13 の型を
見いだすことができた。

　トランジェントについては、レジデントよりは多様性はいくぶん高く、D
ループの遺伝子配列では 7 つの型、ミトコンドリア DNA 全体の遺伝子配列を
解析すると、18（後述する 2018 年の Filatova らの報告では分析するサンプ
ル数が増えたために、さらに新しい型が見つかって 21）の型を見いだすこと
ができ、レジデント同士、トランジェント同士の間でもより詳細な地域的な違
いを浮き彫りにできるようになった。

　レジデントでいえば、（最初に紹介したカナダ太平洋岸に生息する南部およ
び北部レジデントは別にして）1）プリンス・ウィリアム湾を含むアラスカ湾
レジデント（コディアック島を西限に）、2）アラスカ半島から上記サマルガ
海峡あたりを西限にする東部アリューシャンレジデント、3）サマルガ海峡～
バルディア海峡に生息する中部アリューシャンレジデント、4）西部アリュー
シャン列島からカムチャッカ半島沿岸、北部千島列島にかけて生息する西部ア
リューシャン-ロシアレジデントの亜集団に分けられる。

　一方、トランジェントでいえば、（カリフォルニア沿岸から東南アラスカに
かけて生息する西海岸トランジェントは別にして）1）すでに紹介したアラス
カ湾トランジェント、2）プリンス・ウィリアム湾の AT1 トランジェントの
ほか、3）アラスカ半島から東部アリューシャン列島にかけて目撃される東部
アリューシャントランジェント、4）西部アリューシャン列島からコマンドル
諸島、カムチャッカ半島、北部千島列島を含む極東ロシア沿岸にいたる西部ア
リューシャン-ロシアトランジェントに分けられることがわかった。ウニマッ
ク水路でコククジラを襲うシャチたちは、上記 2）の東部アリューシャン・ト
ランジェントにあたる。

最後の氷期が終わって

　さらに興味深いことは、レジデントにせよトランジェントにせよ、遺伝子配列の型は、中部アリューシャン列島に分布するシャチたちでもっとも多く見られる一方、太平洋の東側（アラスカ〜カナダ側）や西側（ロシア側）に分布するシャチたちで少ないことがわかった。アリューシャン列島のレジデントでは、上記13型のうち11型が見つかっているのに対して、ロシア側では2型（そのうちのひとつは、カムチャッカ半島沿岸の限られた湾だけから報告されたもの）しか見つかっていない。この現象はなにに由来するのか。

　本書の後半で詳述するが、いま世界の海洋に生息するシャチたちは、最後の氷期に、氷が少ない海域に押しやられ（そのときに個体数を激減させている）、氷期が終わったときにふたたび、かつて氷におおわれた場所へ、新しい個体群を生みだしながら分布域を広げていったと考えられている。

　北部北太平洋では、ユーラシア大陸や北米大陸、それぞれに接する海域も氷期には広く氷河や氷におおわれた。そのとき、すでに存在していたシャチたちの多くは沿岸域を主たる生息域にしたために、氷期でも氷が少なかったアリューシャン列島の中ほどへ押しやられ、氷期が終わったときにふたたびアラスカやカナダ沿岸、あるいはカムチャッカ半島沿岸やオホーツク海に生息域を広げたのだろうとする、「Colonizing the Wild West 西方への入植」という興味深いタイトルの論文を、Filatovaらが2018年に発表している[25]。

　つまり、アリューシャン列島は、北太平洋のシャチたちにとって最終氷期極大期における避難場所として、長い期間にわたってシャチたちがすみつづけたことで、ほかの海域にくらべて遺伝的な多様性（より多くの型が見られる）がもたらされたとする。いくつかの陸上動物の例でも、氷期に避難場所になった場所に生息しつづける個体群が、氷期が終わったあとに新たな場所に入植した個体群より豊かな遺伝的多様性をもつ例は確認されている。

　遺伝学の世界で、「創始者効果」と呼ばれる現象がある。新しい場所に生物が入りこみ、そこで新たな個体群をつくったとき、その個体群がとりわけ小さいときには、もとになった個体群とは異なる遺伝子頻度（集団に見られる遺伝子型の組み合わせ）ができる現象をいう。レジデントにしてもトランジェントにしても、オホーツク海やカムチャッカ半島沿岸にしか見られない型が存在するのも、それで説明されるのかもしれない。

レジデントにせよトランジェントにせよ、北米側でもロシア側でも遺伝的な多様性はアリューシャン列島沿岸にくらべて低いことは紹介したとおりだが、地域による遺伝的多様性の差は、レジデントにくらべればトランジェントのほうが少ない。いいかえれば、アラスカやカナダ沿岸および極東ロシア沿岸に生息するシャチがもつ遺伝子の型は、中部アリューシャン列島に生息するものにくらべればレジデント、トランジェントとも共通して少ないとはいうものの、トランジェントのほうがまだ多少なりとも多く確認されている。

　それについては、沿岸で魚類を追うレジデントにとっては海が、とりわけ餌になる魚が多い沿岸域が氷でおおわれることは致命的で、氷期には氷がなかったアリューシャン列島への移動を余儀なくされただろう。一方、トランジェントは現在でも見られるように、氷縁部に生息するアザラシ類を襲うことで多少なりとも生存できたからだろう、と Filatova らは推察する。

　また氷期には、氷河におおわれた大陸近くに生息したシャチが、氷のないアリューシャン列島沿岸に"避難"したと書いたが、(陸地に近い場所により多く生息するシャチたちにとっては)大陸に沿って南方へ"避難"することもできたはずだ。北米側なら、大陸の太平洋岸に沿ってワシントン州〜オレゴン州〜カリフォルニア州沿岸へといった道筋である。

　現在、アメリカ、ワシントン州沿岸からカナダ、バンクーバー島南部に生息する南部レジデントと、バンクーバー島北部からブリティッシュ・コロンビア州沿岸に生息する北部レジデントの間では、しっかりと遺伝的に隔離されているのに対して、北部レジデントとその北方に生息するアラスカのレジデントの間では多少の遺伝的な交流があることが示唆されている。

　氷期が終わり、"避難地"からふたたび生息地を広げはじめたとき、アラスカのレジデントや北部レジデントは西方から、つまりはアリューシャン列島から新たに入植した個体群であり、南部レジデントは南方から新たに入植したとするシナリオも、Filatova らはひとつの可能性として提示している。

　あるいは、もうひとつのシナリオも考えられる。

　p.66 で、プリンス・ウィリアム湾を中心に生息するアラスカ・レジデントの主たる 7 ポッドが 2 つのクランに分かれ、それぞれが北部レジデントと南部レジデントに遺伝的に近いことを紹介した。この事実について考え直せば、アリューシャン列島沿岸でレジデントとしての暮らしを営んでいたシャチが、

氷期が終わって東方へ生息域を広げようとしたときに何波かがあり、ひとつの波はアラスカ沿岸でひとつのクランである AB クランのシャチを生みだすと同時にカナダの北部レジデントを生みだし、別のときに起こった波がアラスカ沿岸でもうひとつのクランである AD クランのシャチを生みだし、さらに東進してカナダの南部レジデントを生みだした可能性もないわけではない。

　では太平洋の西側、ロシア側では氷期に南へ"避難"したシャチたちはいなかったか。それについては、第 6 章で紹介する。

＊

　こうして広く北部北太平洋のシャチについて通覧するとき、興味深いひとつの仮説とそれをめぐる論争に思いがおよぶ。2003 年に Springer らによって提出された仮説についてである。

　第二次世界大戦後から 1970 年代前半まで、北太平洋でも広く行われた商業捕鯨は 1960 年代後半にピークを迎えたが、それによってナガスクジラやマッコウクジラをはじめとする大型鯨が大きく数を減らし、以来それらを襲っていたシャチがトドやキタオットセイ、ゼニガタアザラシといった鰭脚類やラッコをより襲うようになり、そのことが鰭脚類やラッコの個体数の大きな減少の原因になったと、Springer らは考えた[26]。

　俗に「Megafauna collapse（大型生物相の崩壊）仮説」とか「Prey-Switching（獲物の切り替え）仮説」などと呼ばれるようになるこの仮説をめぐっては、その後、多くの反論がなされた。

　反論の大きな根拠のひとつは、じっさいには大型鯨がシャチにとっての餌資源の大きな部分をしめていないことである。たとえば、1948〜57 年（まだ捕鯨によって大型鯨が激減していない時代）に日本近海でのシャチ 409 頭の食性を調べた Nishiwaki & Handa[27]によれば、海生哺乳類を食べていたもの 102 例のなかで、大型鯨を食べていたものがわずか 2 例しかなかった。また、直接反論を行った Mizroch らによれば、北太平洋でさかんに捕鯨が行われた 1968 年以前の記録で、海生哺乳類を食べていたシャチたちの胃内容物のなかで大型鯨によるものは 3% に満たなかったという[28]。

　もうひとつの反論の根拠は、捕鯨がさかんに行われた時期と、トドやキタオットセイが大きく数を減らした時期のずれだ。北太平洋の捕鯨は 1970 年代まで行われたものの、大規模に大型鯨が捕獲されたのは 1960 年代で、68 年以

降は相当に小規模なものになっていく。それに対して、トドやキタオットイが大きく数を減らしたのはもっとあとのことになる[29,30]。

　たとえばアラスカ湾からアリューシャン列島にかけて分布するトドが大きく数を減らしたのは、1970年代中ごろから90年代のこと（1990年代初頭には、70年代中ごろにくらべて80％減少している[31]）。同じ時期に、同じ海域に生息するゼニガタアザラシも、ベーリング海のプリビロフ諸島で繁殖するキタオットセイも大きく個体数を減らしている。

＊

　Springerらの仮説については否定的に考える研究者は多い。とすれば、上記のトドやキタオットセイの減少の理由はなにか。その理由を明らかにするのはむずかしい。同時に、さまざまな条件が絡みあっていることは容易に想像できるけれど、いまもっとも大きな原因と考えられているのは、ベーリング海やアラスカ湾の海洋環境の変動である。

　太平洋ではエルニーニョやラニーニャのような、何年かに一度発生する変動が知られている。それにあわせて北太平洋では「10年規模変動」と呼ばれる、およそ10年ごとに起こる変動があるが、そのときは北太平洋の中央部では水温が低下する一方、アラスカ湾では水温が上昇することが知られている。

　1976〜77年に起こった変動は、より大きな変化をもたらすものであった。そして、この海洋環境の変動によってトドやキタオットセイが餌にする魚種が大きな影響をうけた[32]。

　こうしてアリューシャン列島沿岸でトドが個体数を減らしていたころ、ある海域の生態系に起きた興味深い報告がある[33]。

　トドを捕食していたシャチが、トドが減ったことによりラッコを狙いはじめた。大きなトドから得られる栄養から考えれば、ラッコ1頭はおやつ程度にしかならなかったろう。こうして、その海域のラッコが減少しはじめた。

　一方、ラッコの好物はウニだが、ラッコが減ればウニが増える。ウニが増えれば、より多くの海藻が食害をうけることになる。こうして、トドが激減したことが、ほんとうに思いもよらぬ形で、ひとつの海域の海藻の森を大きく傷めることになったのである。シャチの営為が鰭脚類を減少させたのではなく、むしろ鰭脚類の減少が、一部の場所でシャチの営為を変えたひとつの例といっていい。

［1］ Matkin, C., Matkin, D. R. & Saulitis, E. 1997. Movements of resident killer whales in Southeastern Alaska and Prince William Sound, Alaska. Marine Mammal Science 13(3): 469-475.

［2］ Dahlheim, M. E. & White, P. A. 2010. Ecological aspects of transient killer whales *Orcinus orca* as predators in southeastern Alaska. Wildlife Biology 16: 308-322.

［3］ Muto, M. M. *et al.* 2021. Killer Whale (*Orcinus orca*): Eastern North Pacific. Gulf of Alaska, Aleutian Islands and Bering Sea Transient Stock. Alaska Marine Mammal Stock Assessments, 2020. NOAA-TM-AFSC-421.

［4］ Scheel, D., Matkin, C. & Saulitis, E. 2001. Distribution of killer whale pods in Prince William Sound, Alaska 1984-1996. Marine Mammal Science 17(3): 555-569.

［5］ Matkin, C., Ellis, G., Saulitis, E., Barrett-Lennard, L. & Matkin, D. 1999. Killer Whales of Southern Alaska. North Gulf Oceanic Society, Homer, Alaska.

［6］ Matkin, C. 1994. The Killer Whales of Prince William Sound. Prince William Sound Books: Valdez, Alaska.

［7］ Matkin, C. O., Saulitis, E. L., Ellis, G. M., Olesiuk, P. & Rice, S. D. 2008. Ongoing population-level impacts on killer whales *Orcinus orca* following the "Exxon Valdez" oil spill in Prince William Sound, Alaska. Marine Ecology Progress Series 356: 269-281.

［8］ Yurk, H., Barrett-Lennard, L., Ford, J. K. B. & Matkin, C. O. 2001. Cultural transmission within maternal lineages: Vocal clans in resident killer whales in southern Alaska. Animal Behavior 63 (6): 1103-1119.

［9］ Saulitis, E., Matkin, C., Barrett-Lennard, L., Heise, K. & Ellis, G. 2000. Foraging strategies of sympatric killer whale (*Orcinus Orca*) populations in Prince William Sound, Alaska. Marine Mammal Science 16: 94-109.

［10］ Saulitis, E. L., Matkin, C. O. & Fay, F. H. 2005. Vocal repertoire and acoustic behavior of isolated AT1 killer whale subpopulation in southern Alaska. Canadian Journal of Zoology 83: 1015-1029.

［11］ Wolski, L. F., Anderson, R. C., Bowles, A. E. & Yochem, P. K. 2003. Measuring hearing in the harbor seal (*Phoca vitulina*) comparison of behavioral and auditory brainstem response techniques. Journal of the Acoustical Society of America 113: 629-637.

［12］ Simonis, A. E., Baumann-Pickering, S., Oleson, E., Melcon, M. L., Gassmann, M., Wiggins, S. M. & Hildebrand, J. A. 2012. High-frequency modulated signals of killer whales (*Orcinus orca*) in the Norh Pacific. Journal of the Acoustical Society of America 131(4): EL295-301.

［13］ 森阪匡通. 2023.「シャチと鳴音を失ったイルカたちとの関係」(『シャチ生態ビジュアル百科　第2版』誠文堂新光社)

［14］ Samarra, F. I. P., Deecke, V. B., Vinding, K., Rasmussen, M. H., Swift, R. J. & Miller, P. J. O. 2010. Killer whales (*Orcinus orca*) produce ultrasonic whistles. Journal of the Acoustical Society of America 128(5): EL205-210.

［15］ Frost, K. J., Lowry, L. F. & Ver Hoef, J. M. 1999. Monitoring the trend of harbor seal in Prince William Sound, Alaska, after Exxon Valdez oil spilit. Marine Mammal Science 15: 494-506.

［16］ Ross, P. S., Ellis, G. M., Ikonomou, M. G., Barrett-Lennard, L. G. & Addison, R. F. 2000. High PCB concentrations in free-ranging Pacific killer whales, *Orcinus orca*: Effect of age, sex, and dietary preference. Marine Pollution Bulletin 40(6): 504-515.

［17］ Ylitalo, G. M., Matkin, C. O., Buzitis, J., Krahn, M. M., Jones, L. L., Rowles, T. & Stein, J. E. 2001. Influence of life-history parameters on organochlorine concentrations in free-ranging killer whales (*Orcinus orca*) from Prince William Sound, AK. The Science of the Total Environment 281: 183-203.

［18］ナンシー・ブラック. 2019.「コククジラを襲うカリフォルニア州モントレー湾のシャチ」(『世界で一番美しい　シャチ図鑑』誠文堂新光社)

［19］Matkin, C. O. & Durban, J. W. 2013. Gray whales killers. In Summich, J. ed. "Gray whale: From devilfish to gentle giants". Whale Watcher 42: 17-20.

［20］クレイグ・マトキン. 2015.「コククジラを襲うシャチ」(『シャチ生態ビジュアル百科』誠文堂新光社)

［21］Lowry, L. 2015. *Neomonachus tropicalis*. The IUCN Red List of Threatened Species 2015. E. T1365A422871.

［22］Filatova, O. A., Borisova, E. A., Shapak, O. V., Meschersky, I. G., Tiunov, A. V., Goncharov, A. A., Fedutin, I. D. & Burdin, A. M. 2015. Reproductively isolated ecotypes of killer whales *Orcinus orca* in the Seas of the Russian Far East. Biology Bulletin 42(7): 674-681.

［23］ホイト, E., イヴコヴィッチ, T. & フィラトバ, O. 2015.「ロシア, カムチャッカ半島沿岸のシャチ」(『シャチ生態ビジュアル百科』誠文堂新光社)

［24］Parsons, K. M., Durban, J. W., Burdin, A. M., Burcanov, V. N., Pitman, R. L., Barlow, J., Garrett-Lennard, L. G., LeDuc, R. G., Robertson, K. M. & Matkin, C. O. 2013. Geographic patterns of genetic differentiation among killer whales in the Northern North Pacific. Journal of Heredity 104(6): 737-754.

［25］Filatova, O. A., Borisova, E. A., Meschersky, I. G., Logacheva, M. D., Kuzkina, N. V., Shapak, O. V., Morin, P. A. & Hoyt, E. 2018. Colonizing the wild west: Low diversity of complete mitochondrial genomes in Western North Pacific killer whales suggests a founder effect. Journal of Heredity 2018: 735-743.

［26］Springer, A. M., Estes, J. A., van Vliet, G. B., William, T. M., Doak, D. F., Danner, E. M., Forney, K. A. & Pfister, B. 2003. Sequential megafaunal collapse in the North Pacific Ocean: An ongoing legacy of industrial whaling? Proceedings of the National Academy of Sciences of the United States of America 100: 12223-12228.

［27］Nishiwaki, M. & Handa, C. 1958. Killer whales caught in the coastal waters off Japan for recent 10 years. Scientific Reports of the Whales Research Institute. 13: 85-96.

［28］Mizroch, S. A. & Rice, D. W. 2006. Have North Pacific killer whales switched prey species in response to depletion of great whale populations? Marine Ecology Progress Series 310: 235-246.

［29］Wade, P. R., Burkanov, V. N., Dahlheim, M. E., Friday, N. A., Fritz, L. W., Loughlin, T. R., Mizroch, S. A., Muto, M. M. & Rice, D. W. 2006. Killer whales and marine mammals trends into the North Pacific: A re-examination of evidence for sequential megafauna collapse and the prey switching hypothesis. Marine Mammal Science 23(4): 766-802.

［30］DeMaster, D. P., Trites, A. W., Clapham, P., Mizroch, S., Wade, P., Small, R. J. & Ver Hoef, J. 2006. The sequential megafaunal collapse hypothesis: Testing with existing data. Progress in Oceanography 68(2-4): 329-342.

［31］Loughlin, T. R. 1998. The Steller sea lion: A declining species. Biosphere Conservation. 1: 91-98.

［32］Benson, A. J. & Trites, A. W. 2002. Ecological effects of regime shifts in the Bering Sea and eastern North Pacific Ocean. Fish and Fisheries 3: 95-113.

［33］Estes, J. A., Tinker, M. T., Williams, T. M. & Doak, D. F. 1998. Killer whale predation on sea otters linking oceanic and nearshore ecosystems. Science 282(5388): 473-476.

| 第 4 章 |

さまざまな生態型～南極海と北大西洋から

南極海から

　デッキの上を吹きぬける厳寒の風のなかで、私は船の甲板にたち、海面のど
こかに現れるはずのシャチの背びれを探していた。それまで南極半島沿いの比
較的穏やかな海域を航海した船が、半島を後方に眺めるように舵を切り、世界
でも有数の荒海で知られるドレーク海峡に向けて進みはじめたときのことだっ
た。

　ドレーク海峡の山のような波に船が翻弄されはじめるまでには、まだ何時間
かはある。そう考えて、甲板に出て海面を眺めていたときに遠くに発見したシ
ャチの再浮上を待っていたのである。

　風速15ｍほどの風が海上を吹きぬけ、海面は巨獣の鉤爪でひっかかれたよ
うに、ところどころ白くけばだって見える。そこに10頭を超えるシャチの背
びれが発見されたのだった。クルーや同乗する研究者たちも、全員が甲板に出
てそれぞれが思い思いの方角の海面に視線を走らせて、どこかに姿を現すはず
の背びれを探していた。

　最初に目撃されたとき、シャチの群れは密集した隊形というよりは散開して
泳いでいた。シャチの群れが大海原でクジラを探したり追うときによく見せる
隊形で、彼らは原野をゆくオオカミの群れのように、広い範囲を捜索しつつ、
やがて発見した獲物を囲いこみ追いこんでいく。

　やがて、海面に走らせる視線の片隅に、2頭のシャチの背びれが見えた。そ
の直後、別のところから2～3頭の背びれが現れる。波だつ海面のなかで、そ
して日が傾き、海面が鈍色を帯びはじめた時刻ならなおさら、相当に注意しな
ければ見落としてしまうかもしれない。

　そのときふと、離れて浮上した2群のシャチの間に、シャチのものではな

い背びれがひとつ浮上した。双眼鏡で注視すると、背びれが見えるとほぼ同時に、細い吻端が海面から突きだすのが見えた。ミナミツチクジラで、シャチの群れはこのクジラを囲いこむように追いたてていた。

　船はすでに船足を落として、私たちに観察する時間を与えてくれている。船のまわりの海面に姿を見せるシャチは、たとえばほかの海で目にしたとしても違和感がない姿かたちで、彼らは徐々にミナミツチクジラを囲む輪を狭めていくように見えた。

　やがて、2頭のシャチがミナミツチクジラとの距離を一気に詰めたかと思うと、1頭のシャチが体当たりをしたのかもしれない。ミナミツチクジラの体がそれまでよりも高く海面に浮上し、そのあと慌てたように海面から顔を突きだして、その特徴的な吻端を露わにした。

　2頭のシャチと、それに合流した別の数頭のシャチと、ミナミツチクジラの体が波のなかで交錯する。船からはまだ距離があって、それぞれの行動の詳細をとらえることはできない。さらに、風のせいで白く砕ける波頭が、観察を妨げる。それでも一瞬、波頭の白が赤く染まるのを、双眼鏡の視野のなかにとらえた。シャチが、すでに弱ったミナミツチクジラに歯を突きたてた瞬間だったのだろう。

　私自身、南極海での観察をはじめたのが1998年で、以降相当な頻度で南極海、とりわけ南極半島沿岸を航海してきた。その間、シャチにも幾度も出会っている。なかには、いまミナミツチクジラを襲っているシャチたちとは異なり、白いアイパッチが極端に大きい、ほかの海ではけっして見ることのない姿のシャチにも出会っていた。

　そのころはすでに、カナダ太平洋岸でレジデントとトランジェント、オフショアというまったく異なる暮らしを営むシャチが共存することが広く知られており、南極海（を含む、生物生産が豊かな高緯度海域）なら同様に、異なる暮らし（と、場合によれば異なる見かけ）のシャチたちが共存していてもけっして不思議ではないと、考えられはじめていた。じっさい、南極観測や鯨類調査のために南極海を広く航海した諸先輩からは、見かけがずいぶん違うシャチとも遭遇しているという話さえ、しばしば耳にしていた。

南極のシャチ

　話は 1981 年に遡る。そのころは、カナダ、バンクーバー島の周辺では、レジデントとトランジェントという 2 つの異なる生態型のシャチが共存していることが明らかになり、多くの人びとが野生のシャチの生態に興味をもちはじめた時期である。そのころ、一般の人びとの目に触れる機会がほとんどないシャチについての報告が、南極海からもたらされていた。

　まずは 1961/62 および 1978/79 の捕鯨シーズンに、南半球の各地で（旧）ソ連の捕鯨船によって捕獲されたシャチのなかで、南極海で捕獲されたものの一部がほかのものより小型であることから、別種 *Orcinus numus* として報告されたのである[1]。

　翌 1982 年には、もうひとつ（旧）ソ連からの報告があった。南極海で捕鯨業者によって捕獲されたシャチを調べたソ連の研究者 Berzin と Vladimirov は、南極海でも氷の少ない場所で捕獲された比較的大型のシャチがミンククジラを中心にもっぱら海生哺乳類を捕食する一方、流氷の間に暮らすシャチは明らかに体が小さく、魚類ばかりを食べていることを報告し、前者を世界のほかの海にすむシャチと同様 *Orcinus orca*、後者を別種 *Orcinus glacialis* にすべきと提唱した[2]。ただ、*O. glacialis* も *O. numus* もともに広くは認められることはなかった。

*

　状況が大きく変わったのは、世紀が変わった 2003 年のことである。アメリカの Robert Pitman らによって、南極海に生息するシャチに「タイプ A」「タイプ B」「タイプ C」という、明らかに形態と生態が異なる 3 タイプのシャチがいることが報告された[3]。

　ひとつのグループは、比較的大型（体長は雄で 9.0 m, 雌で 7.7 m に達する）で、南極海でも海氷がある場所を避けて 10〜15 頭の群れをなして、おも

にミンククジラを襲っているもので、「タイプA」と名づけられた。

もうひとつのグループは、南極海に広く分布して、ときに海氷がない場所にも出現するものの、とりわけ南極半島沿岸で海氷がある海域を動きまわっており、なによりアイパッチがきわめて大きいことが特徴である。タイプAよりは小さく、しばしば海面から顔を突きだす行動（スパイホップ）を見せて海氷上に休むアザラシを狙うこのグループは、「タイプB」と名づけられた。

もうひとつは、南極大陸に深く入りこんだロス海を中心に生息する。ロス海は奥では広大に棚氷が広がり、その外側でも海氷の群れに広くおおわれる海域である。こうした海域にまで入りこみ、魚類を中心に捕食する比較的小型（体長は雄は4.9～6.1 m，雌は4.6～5.8 m）のシャチがいる。

タイプA。海氷が少ない海域で、鯨類を追ってすごすことが多い。

タイプB。アイパッチが大きい。

ロス海に多いタイプC。アイパッチが細い。（写真：Norbert Wu/Minden Pictures）

アイパッチが細く、狐目のように後方に向かって釣

りあがったこのグループは、「タイプC」と名づけられた[4]。

　またタイプBおよびタイプCのシャチでは、背の黒と体側のいくぶん淡色の部分が描きだすケープ模様がめだつのも、タイプAにはない特徴になる。さらにこの両タイプは、氷の間ですごすことが多いため、体表に珪藻を繁茂させて、全体が黄味がかって見える個体が多いことも特徴のひとつである。

　じつは、2003年にPitmanらの論文が出る前にも、（タイプA、B、Cという名称こそ使っていないが）、じっさいにはそうしたシャチが存在するという報告はあった。たとえばEvansらは1982年にすでに、世界各地のシャチの体色（および模様）の変異について論じ、とくに南極海の氷の間にすむシャチと、氷がない場所にすむシャチの模様を、ほかの海のシャチのそれと比較して論じている[5]。

　同じく2000年にはニュージーランドの研究者Visserが「ニュージーランドに南極のシャチ？」[6]として、体色が淡く（上記のように体表に珪藻を繁茂させていたからだろう）、背のケープがはっきりとわかる一群のシャチが、ニュージーランド北島のベイ・オブ・アイランズで目撃されたことを報告している。その論文に掲載された写真を見れば、アイパッチがきわめて大きく、Pitmanらが明らかに「タイプB」と名づけたものであることがわかる。

生態型それぞれ

　私の観察のなかでミナミツチクジラを襲ったのはまちがいなくタイプAであり、南極半島沿岸でときおり目にしていたアイパッチが大きいシャチたちはタイプBになる。*Orcinus numus* や、BerzinとVladimirovによって *Orcinus glacialis* として報告されたものがタイプCだったと考えるのも無理ではないだろう。

　こうして南極海でタイプA、B、Cと3生態型の存在が明らかになったことにあわせて、彼らの遺伝的な違いもまた調べられた。LeDucらによれば、南極海の氷の少ない海域を遊弋（ゆうよく）するタイプAとの関係にくらべて、タイプBおよびCは別種と考えていいほどの違いがある一方、ともに流氷域に生息するタイプBとCとの違いは比較的少なく、両者はそれほど遠くない過去において枝分かれしたことが示された[7]。

　ただし、その割には形態（大きさやアイパッチのさまなど）や生態（餌生物

など）の違いが際だっている。それがどう生じてきたのかは、まだ謎が残るところだ。また、タイプAについては、タイプBやCにくらべて、自身のグループのなかだけでも遺伝的な多様性が広く、ほんとうにひとつの生態型としてまとめられるかどうかは疑問がもたれるところである。

じつはその後、タイプBについて、アザラシだけでなくペンギンを捕食するものもいて、どうやら2グループあるのではないか、と考えられるようになる。そして2016年になって、南極半島沿岸を舞台にこれまで「タ

上：氷上のウェッデルアザラシを狙う大型のタイプB1。（写真：Robert Pitman）　下：ジェンツーペンギンを襲う小型のタイプB2。（写真：Stephen Lew/Shutterstock.com）

イプB」としてまとめられてきたものが、形態的にも生態的もはっきりと2グループに分けられることがPitmanらによって報告された[8]。

両者は、アイパッチがきわめて大きいことでは共通しているが、体の大きさの分布を比較すると、明らかに異なる2つの山をつくるという。Pitmanらは、シャチが泳ぐときに確実に海上に見せる噴気孔から背びれ基底部の中央までの距離に注目した。1つのグループは1.6〜2.0 mを示し、もう1つのグループは2.1〜2.5 mと、有意な違いを示した。またアイパッチも、大型のグループのほうが体に比してもなお大きい。

先に生体試料が示す窒素同位体比によって餌生物の栄養段階が推測されることを紹介したが、タイプBの大型のグループのほうが、小型のグループにく

らべて高い窒素同位体比（つまりは栄養段階が1段階高いものを捕食していること）を示したのである。さらには、小型のものがヒゲペンギンやジェンツーペンギンを中心に（おそらくは魚類も）捕食し、大型のものがおもにアザラシを捕食するという行動観察も、この事実を裏づけるものになった。こうして大型のグループは「タイプB1」、小型のグループは「タイプB2」と呼ばれるようになった[9]。

　後に発表されたDurbanらの報告では、タイプA、タイプB1、タイプB2の形態の違いについて、よりくわしく論じている[10]。

＊

　シャチは世界各地の海で、それぞれの環境、それぞれの餌生物にあわせて、独創的な狩りの方法を編みだし、それを自分の子へ、さらには群れの仲間へと伝えてきた。たとえば私がジョンストン海峡で観察した、A25（シャーキー）らが岩穴に逃げこんだキングサーモンを波によって洗いだす独創的な狩りの方法 (p. 26) は、まちがいなくそのひとつである。

　同様にタイプB1のシャチたちは、南極海の海氷が多い海域でアザラシを効率よく捕食するための行動を編みだしている。Pitmanらによって観察、報告されたその方法はこうだ。

　狙うアザラシは、たいていは海氷の上に休んでいる。もし自分が海のなかにいたとしても、シャチの接近を知れば、まちがいなく氷上に避難するだろう。一方、タイプB1のシャチは海氷が多い場所で、しばしばスパイホップ（海面から顔を出して空中からまわりの状況を確認する行動）を見せるのは、氷上に休むアザラシを見つけるためだろう。

　しかし、アザラシを見つけても、氷上にいる獲物にすぐに手が出せるわけではない。アザラシが休む海氷があまり大きくなければ、シャチはその氷の縁に乗りかかり、氷自体を傾けてアザラシを滑り落とすことができる。

　氷がもっと大きく、シャチ1頭では氷を傾けることがむずかしい場合はどうするか。

　アザラシを見つけたシャチが、海中で長く響く声を発すると、近くにいたシャチたちが集まりはじめる。こうして集まった5〜6頭のシャチは、アザラシが休む氷から少し離れた場所からその氷まで、動きをそろえ勢いをつけて突進を試みる。彼らは氷に達する直前に、全員が体を翻して氷の下に潜りこむのだ

094 | 第4章　さまざまな生態型〜南極海と北大西洋から

が、その瞬間にそれぞれが尾びれで強く水を蹴りあげる。そうすることで、勢いをつけた巨体の動きと、尾びれの動きによってつくられた大波が氷上を洗って、アザラシを押し流してしまう。

もしも一度でアザラシが海に落ちないときには、シャチたちが繰りか

タイプB1のシャチが起こした波が氷上のウェッデルアザラシを洗う。
(写真：Robert Pitman)

えしこの行動を行うことも観察されている。また、氷の下に潜りこんで、下から氷をもちあげようとする行動も観察されたという。この狩りは、シャチ同士の間に際だった協調が求められる行動であり、まちがいなく学習によって習得されるべきものである[11]。

ちなみにPitmanらの観察では、アザラシを狙うタイプB1のシャチは、とりわけウェッデルアザラシを選択的に狙うらしい。じっさい南極半島沿岸を船で旅をして、海氷上に休むアザラシを目にしたとすれば、圧倒的にカニクイアザラシが多い。Pitmanらの調査で、82％がカニクイアザラシ、15％がウェッデルアザラシ、3％がヒョウアザラシだったというデータは、私自身の観察印象にも近い。

にもかかわらず、シャチが狙うのは圧倒的にウェッデルアザラシに集中している。一方、カニクイアザラシやヒョウアザラシを狙ったときには、氷上にいるアザラシの種について、スパイホップをしても確認しにくい状況であったことをPitmanらはあわせて記している[12]。

体をおおう珪藻

タイプB1、B2あるいはタイプCについて、彼らの体がしばしば灰色あるいは黄味がかって見えるのは、体表に繁茂する珪藻類のせいであることを紹介した。そうしたシャチの体色については、私自身を含む多くの旅行者もまた目にしているものだ。

一般に鯨類の表皮は、古いものはどんどん剥げ落ち、つねに新しいものに置き換わっている。体表に多少珪藻が繁茂することがあっても、頻繁に表皮が更新されるようであれば、上記のようにはならないだろう。とすれば、南極海で目撃されるシャチの体表に珪藻類が繁茂しているのは、冷たい海水温のせいで表皮の更新が促されないからかとも予想しうる。夏期に南極海ですごすザトウクジラの、尾びれの裏側の白い部分や腹部の白いはずの部分が、強く黄色に染まっているのもよく目にする光景である。

　ザトウクジラは、秋がくれば低緯度の繁殖海域に向けて回遊をはじめるから問題ないとして、南極海のシャチたちがもし温かい海への回遊を行うことなく、表皮の更新が促されないとして問題ないのだろうか。それについて、興味深い報告がDurbanらによってもたらされた。南極半島沿岸はタイプBのシャチたちが多く観察される海域だが、そこで電波発信機をつけられたタイプBがその後どんな動きをするかを追った調査である[13]。

　2009〜11年の3年の間に、（いずれの年も南極海での作業がしやすい夏期である1〜2月に）合計12頭のタイプBのシャチに電波発信機がつけられた。早い時期に電波発信機が外れたのか電波を捕捉できなくなったものもあるが、3週間以上（最大109日）電波源を追跡できた6個体について、詳細にその移動が確認できている。

　6頭とも、まもなく南極半島を離れ北に向かって移動を開始した。そのときはほぼ共通して、南緯60度（南極前線あたりだろう）を越えるあたりまでは泳ぎを速め、以降は徐々に泳ぐ速度を落としている。ほぼすべての個体がフォークランド諸島周辺をかすめ、さらに長く電波を追跡できたものでは、ウルグアイからブラジル南部にまで達している。

　さらに長く電波を追跡できた2個体は、そこでUターンをしてふたたび南極半島の、もともと電波発信機がつけられた海域に戻っていたことが確かめられた。そのうちの1頭については、9000kmを42日間で移動していたことになる。

　彼らについて興味深いのは、帰路の泳ぐ速度が往路のそれと呼応するように、緯度が低い間はゆっくりと、緯度が高くなる（南極半島に近づく）につれて速度をあげていることである。そのようすは、往路も含め、なにより温かい海ですごすことを目的にしているようにも見える。じっさいに彼らがすごした

海の水温は、南極半島付近での最低−1.9℃から、ブラジル南部の亜熱帯域で最高24.2℃にまでわたっている。さらに、たどりついた温かい海で、彼らは餌とりなどとりわけ特別な行動をしていない。

Durbanらはこの回遊を、シャチたちがときおり温かい海ですごすことで表皮の更新を促すためのものではないかと推測する。じっさい南極海にすむシャチの個体識別調査では、以前に体が珪藻におおわれて黄色く見えた個体が、別のときにはそうでなかった例も確認されている。ちなみに北極海にすむベルーガは、夏の一時期、入江や浅瀬に集まって、浅い海底に体をこすりつけて、珪藻類が繁茂した古い体表を落とす行動を行うこともよく知られている。

とすれば、多くの南極海にすむシャチたち、とりわけ流氷域に生息するタイプBやタイプCでも、より北方の温かい海域まで回遊する可能性もある。

じっさいオーストラリアやニュージーランドの近海で、タイプBやタイプCのシャチが目撃される報告例がときおりある[6,14,15]。

南極半島のタイプBは、そのまま北へ移動したことで南米大陸の東岸を北上することになったが、南極をとりまく海のなかでもロス海に多く生息するタイプCなら、そのまま北上すればオーストラリアあるいはニュージーランド近海に達するだろう。

鯨類において回遊といえば、採餌か繁殖のためと考えられるものが多い。しかし、こうした体の維持を目的にした回遊があるのかもしれない。それは、以前から知られていた北極海に生息するベルーガの季節的な移動を考えれば、けっして不思議ではない行動でもある。

タイプD

タイプA、B1、B2、Cと明らかにされてきた南極海に生息するシャチの生態型だが、もうひとつ南極から少し離れた亜南極の海域に、「タイプD」と呼ばれることにな

張りだした額ときわめて小さなアイパッチが際だつタイプD。（写真：J-P. Sylvestre/Orca, Canada）

る、いっぷう変わったシャチがいることが近年明らかになってきた。それは、一見コビレゴンドウのように額が張りだすとともに、アイパッチが（タイプC に比べても）きわめて小さい"異形"のシャチである。背びれが三角形に近く、先端が尖っているのもひとつの特徴である。

その存在が正式に報告されたのは 2011 年のことだが[16]、それ以前にもその存在が示唆されるできごとはあった。

ニュージーランドの研究者 Visser は 2000 年に、ニュージーランドで見られたシャチのアイパッチの形状を比較する研究を発表したが、そのなかに紹介されている 1955 年に 17 頭で集団座礁したできごとを伝える 1 枚の新聞写真は、一見しただけでそれがタイプ D であることを示している[17]。

タイプ D の観察例はけっして多くないが、これまでニュージーランド、チリ沖～ドレーク海峡、サウスジョージア周辺、クロゼ諸島周辺で目撃されている。チリ沖やサウスジョージア、クロゼ諸島周辺では、深海に生息するマジェランアイナメが底延縄漁によってあげられてくるのを、海面で待つシャチたちが横どりする例が頻発しているが、そのなかにときおりタイプ D のシャチが見られるという。

タイプ D の生態はまだ謎に包まれた部分が多いが、延縄漁のマジェランアイナメを横どりするのであれば、少なくとも彼らのメニューの一部に魚類が含まれることはまちがいないのだろう（ただし、マジェランアイナメは本来水深 500～2000 m もの深所にすむ魚で、この魚種が日常的な餌になっているかは疑問だ）。

さらに偶然に撮影された水中映像で、その個体の歯が摩耗していたと伝えられたことがある。とすれば、北太平洋のオフショアのように、サメの仲間が日常的な獲物になっている可能性もある。

ちなみに最近（2022 年）になって、タイプ D のシャチたちに潜む大きな謎がひとつ明らかになった。

2019 年、Pitman らによってチリ沖でタイプ D の 27 頭分の個体識別の写真と、3 頭からの生体試料が採取された[18]。この生体試料からのミトコンドリア DNA と、1955 年にニュージーランドで座礁したタイプ D の、博物館に残されていた頭骨から採取されたミトコンドリア DNA が比較されてわかったのは、彼らが強い近親交配状態にあるということだった。タイプ D のシャチ

たちは、南大洋を何千 km も泳ぎまわりながら、ほかのシャチたちとは交流をもたず、ときおり出会う仲間とだけ関わりつづけてきたことをうかがわせる事実だ[19]。

その後 2021 年には、チリの海岸にタイプ D の雌が打ちあげられるというできごとがあった。タイプ D の座礁や打ちあげは、1955 年のニュージーランドでのできごと以来、二度目のことである。そして、このときの座礁個体から、タイプ D の外部形態について、Haro らによってくわしく報告された[20]。それによれば、成熟した雌の体長は 596 cm であり、（以前の野外での観察に反して）摩耗した歯は認められなかったという。いずれにせよ、この情報の宝庫から、タイプ D のさらにくわしい遺伝学的な知見が得られる日もそう遠くないはずだ。

シャチは 1 種か

"異形"のシャチであるタイプ D の存在が世に広く伝えられたとき、シャチ研究者以上に、シャチウォッチャーやジャーナリズムの世界で、「世界のシャチはすべて同種なのか」という疑問がまきおこった。

じつは先に紹介した Hoelzel らの北太平洋のレジデントとトランジェントの遺伝的な違いをめぐる研究によって、ほんとうに彼らが同種かという議論は以前から行われてきたが、さらに世界の海のより多くの場所でシャチが観察され、彼らの生体試料が採取されるようになって、議論はより広範になってきた。そこに見かけが大きく異なるタイプ D の存在がセンセーショナルに報道されることで、研究者の間はもとよりホエールウォッチャーやジャーナリストの間で、議論はいっそう加速することになったのである。

近年、「トランジェント」は Bigg's Killer Whale（Michael Bigg の名に因む）と呼ばれることが多くなってきたのも、そうした議論が背景になっている。「トランジェント」とは、現在のシャチ Orcinus orca という種のひとつの生態型に与えられた名称にすぎないからだ。Hoelzel や、彼につづく多くの遺伝学者の研究によって、トランジェントが世界の各地の海にすむシャチたちのなかで、遺伝的には格別に離れた存在であることもわかっている。

一方、南極海のシャチについては、それぞれの名称が生態に即したものであるよう、Pitman らは各生態型に以下の名称を与えることを提唱している。

タイプA：これについては、まだ複数の生態型のものが混在している可能性があるとして、現時点では据え置く。
タイプB1：Pack Ice Killer Whale（流氷の間にすむシャチ）
タイプB2：Gerlache Killer Whale（ゲルラッシュ海峡のシャチ。南極半島の西側にある、ベルギー探検家の名に因んだゲルラッシュ海峡で頻繁に観察される）
タイプC：Ross Sea Killer Whale（ロス海のシャチ）
タイプD：Subantarctic Killer Whale（亜南極のシャチ）

ノルウェー北極圏のシャチ

1990年代中ごろ、私は毎年11月になれば、ノルウェー北極圏に出かけていた。

ノルウェーの大西洋岸は、アラスカ沿岸と同じように、いやそれ以上に岩山の群れが切りたつ風景を見せながら、かつて氷河の浸食をうけたフィヨルド地形が連なっている。このフィヨルドが雪におおわれはじめる晩秋、翌年の春に産卵をひかえたニシンの群れが押し寄せ、それを追ってシャチの群れが姿を現すようになるからだ。これらのシャチたちについても、1980年代後半から個体識別調査が行われ、600頭あまりがいることが知られてきた。

こうした場所のひとつ、北緯69度にあるロフォーテン諸島沿岸やテ

まわりの山々が雪におおわれる季節、ノルウェー北極圏のフィヨルドにニシンを追ってシャチが姿を現す。

ィスフィヨルドは、1990年代にニシンの越冬場所になり、それにあわせて晩秋から年明けあたりまで、シャチが集まる場所として知られていた。フィヨルドをはさんで両岸に切りたつ岩壁は灌木さえ生えず、金属のような光沢さえ放ちながら、空に向かってそびえたっている。私たちは、このフィヨルドに朝日が射しはじめる前にボートで漕ぎだすのが常だった。

　北極圏に位置する北緯69度では、晩秋には昼が極端に短くなり、12月中ごろになれば昼はなくなってしまう。シャチそのものは11月末から2月あたりまでフィヨルドに姿を見せるけれど、より多く観察や撮影を行うために昼が少しでも長い時期を選ぼうと考え、11月末あたりを選ぶのが常だった（冬至がすぎ、1月中旬になればふたたび太陽は1日に数時間姿を見せるようになるけれど、気温はいっそう過酷になる）。

　11月末でも、太陽が姿を見せているのは1日3〜4時間。そのために私たちは、日の出前から（といっても9時半とか10時くらいのことだ）ボートをフィヨルドに出してシャチを探しはじめる。

　空が沈んだ紺色から濃い菫色へ、徐々に色合いを増していく時間。まだフィヨルドのなかには光が射さず、雪でおおわれているはずの風景は蒼鉛色の影に沈み、フィヨルドの両側に連なるごつごつとした稜線だけが、白みはじめた空を縁どっていた。

　やがて岩壁の、ときには大鉈で断ち割られ、ときには彫刻刀で削られたような表面の凹凸が、赤みを帯びはじめた薄明のなかに浮かびあがってくる。と同時に東側の岩壁の稜線だけが、そこに炎が灯るかのように輝きだすと、反対側（西側）の岩壁の上部を飾る雪も紅色に染まりはじめる。

　東側の岩陰の向こうで太陽が昇りはじめるのにあわせて、西側の岩壁を飾るバラ色の光と影との境界がその斜面を駆けおりてくると、フィヨルドを包む光は、一気に緋色に輝きはじめる。

　極北の朝焼けは、雲のさまや大気中の水分のさまによって日ごとに違って見える。この時刻、光が移りゆく刹那刹那の風景は、いずれもが二度と見ることのない"絶景"だといっていい。

　もうひとつのクライマックスは、東の岩壁の稜線から太陽が姿を見せたときで、澄んだ大気に射しこむ光が奔流となってフィヨルドのなかにあふれる瞬間だ。この刻から約3時間が、私たちの観察や撮影に許された時間である。

ボートが速度をあげはじめると、鉱物の硬ささえ感じるほどの凍てついた大気が頬を刺す。そのなかでシャチの噴気を探すのだが、早朝は噴気を比較的見つけやすい時刻である。低い太陽に照らされた噴気は、一方でまだ影のなかにある海面近くの暗い岩壁を背景に、目映いほどに輝いて見えるからだ。

　太陽が昇るとともに、細部まで光のなかに浮かびあがらせていくフィヨルドの風景のなかにボートを走らせ、やがてたてつづけにあがるシャチの噴気をとらえた。噴気は早朝の太陽をうけて、緋色に色づいて見えた。

＊

　船の魚群探知機が、水深100〜200mのあたりにかたまる魚群の影を映している。ニシンの群れで、シャチはこの魚群を狙っている。そしてニシンを狙うのはシャチだけではなく、ニシン漁の漁船もそこここでエンジンやウィンチの音を響かせながら操業をはじめていた。

　この時期、ニシンは数 km^2 にわたる範囲で、深いフィヨルドなら厚さ300mにもなる巨大な群れをつくるといわれている。当時、ロフォーテン諸島周辺は世界での最大のニシンの漁場として知られ、1996年ごろのニシンの現存量は930万トン（大雑把に4000億匹）と見積もられていた。しかし、そうなったのも、さほど古いことではない。

　北大西洋では、春に産卵するニシンがその前の冬を冷たい海の深みですごすが、その場所は何年かで移ることが経験的に知られてきた。かつては、その越冬場所はもっと沖合にあったと考えられていた。

　ちなみに北大西洋のニシンは、1960年代の乱獲がたたって1970〜80年代は資源が激減していた。やがて資源が回復しはじめたとき、越冬場所がロフォーテン諸島周辺やティスフィヨルドに移り、その海域での観察例がにわかに増えるとともに、第1章で紹介したカナダ沿岸でのシャチ研究の成果を学んだ研究者たちが新たに注目し、調査をはじめることになったのである。

　いま船の前を泳ぐシャチの群れは、高い背びれを誇る雄と、子どもを連れた雌など7〜8頭で構成されている。ときおり何頭かが海面から顔を突きだして見せたが、彼らの顔つきは、カナダ太平洋岸に生息する南部および北部レジデントのそれにくらべて、いくぶん細面といっていい。

　（おそらくは家族群で）ゆっくりとすごすシャチたちが、ふいに動きを速め、海面を波だてる勢いで泳ぎはじめることがある。多少なりとも浅いところにい

るニシンの群れを見つけたか、別のポッドがニシンの捕食をはじめたからだろう。そして、シャチが波を蹴たてて泳ぎはじめれば、空を舞うカモメたちもその動きにしたがうのが常だ。

やがてシャチのポッドは移動をやめ、交互に潜ってはときに浮上して

シャチがハンティングをはじめると、おこぼれを狙うオオカモメやセグロカモメが頭上を群れ飛ぶ。

荒々しく噴気をあげはじめた。全員がきまった方向に向かって泳いでいたそれまでの動きとは異なり、それぞれに海面に姿を見せたシャチは、すぐに体を翻し、すぐに海中に消えていく。海面に浮上するシャチたちの、荒々しく息を噴きあげるさまが、おそらく海中ではじまった狩りの激しさを伝えている。

ボートの船べりから海中を覗きこむと、ニシンの剝がれた無数の鱗が、風に舞う雪のように波のなかを流れていく。あたりには、シャチたちの噴気によるものか、あるいは狩られたニシンからのものか、かすかに生ぐさい匂いが漂うのを感じることができた。

カルーセル・フィーディング

ドライスーツを身につけて船べりから海中に潜りこむと、足元で海中を流れていくニシン群の影を目にした。そして私のまわりでは、無数の鱗が海面から射しこむ光を映して銀色に輝きながら流れていく。

水温は6℃、インナースーツをしっかりと着用してのドライスーツ姿なら、凍える水温ではない。肌が直接水に触れる顔だけが、その冷たさを伝えている。

海面からときおり顔をあげると、少し離れた場所で雄シャチの高い背びれが空に向かって突きだすのが、水中マスクごしに見てとることができる。さらに空を見あげると、カモメの群れが乱舞するのが見える。

ふいに、海面下に戻した視野のなかで魚群の影が膨れあがったかと思うと、次の瞬間、私の体はニシンの群れに囲まれることになった。

魚群の先の濁りの向こうに、白い影が交錯する。シャチの体の黒い部分は濁りのなかに溶けこんで見えないが、白い腹部やアイパッチだけが光を反射して、暗い海中でも浮きたって見える。ニシンの群れは、シャチから逃れるために、海面に

ニシンの群れを深みから海面近くまで追いたてるシャチ。

浮かぶ私の体を盾にしようとしているかに思えた。
　私はシャチの狩りのじゃまにならないように、さらにはシャチが魚群を狙う方法をしっかりと観察するために、積極的に魚群から離れようとするものの、むしろ魚群が私を追う格好になった。それでも何度かその動きを繰りかえすうちに、数頭のシャチがニシンの群れをかためようとそのまわりを泳ぐさまを見てとることができるようになっていった。
　水中に浮かんで間近に見るシャチは、それまでボートから一定の距離をおいて見ていたときにくらべて、はるかに大きく小山のように見える。
　一方、ニシンの群れは直径 10 m ほどのかたまりで、まわりをシャチが泳ぐたびに、1 匹の巨大なアメーバのように自在に形を変えた。それが海面直下で行われる場合もあれば、海面に浮かんだ私からはかろうじて見えるほどの深さのところで行われることもある。
　シャチがニシンの群れを追いたてるとき、驚かすようにあえて腹側の白を魚群に見せつけることもある。海中でときおり噴気孔から強く息を吐きだすことがあるのも、同じ効果があるのだろう。
　こうして魚群が濃密なかたまりをつくったとき、1 頭のシャチが体を翻して尾びれを魚群に向け、海中で強く叩きつけた。そのときの爆ぜるような音は、海中で観察する私にも聞こえるもので、その衝撃によってあたりにニシンが失神したようにぽっかりと海中に浮かぶと、シャチたちは苦もなくそれをくわえとっていった。
　一方、失神しなかったニシンは、その瞬間四方に弾けるように逃げ惑う。下

方で狩りが行われたときには、下方から花火が打ちあがるように、ニシンが銀鱗をきらめかせながら深みから現れてくる。そして、こうした急浮上の際には、ニシンの浮き袋の空気が（水圧の低下によって膨張するからだろう）排出されて、海中に無数の泡がたちのぼった。

　ノルウェーのシャチが見せる、魚群のまわりを回転木馬のように駆けまわりながら行うこの狩りは「カルーセル・フィーディング」と呼ばれる。シャチがカルーセル・フィーディングをはじめると、尾びれで魚群を打ちつけるときの爆ぜるような音が海中に響き、海面に浮かぶニシンを狙って海上ではカモメたちが乱舞をはじめる。じっさいにスノーケリングで観察する私自身が、海面に浮かんだニシンを手にすることもむずかしくなかった。

　このカルーセル・フィーディングは、まだニシンの群れが深みにいるときからはじまる。たいていは水深 100〜200 m の深所にとどまるニシンの群れに向けて大人のシャチたちが潜り、ひとかたまりの魚群をとりまきながら海面近くにもちあげてくる。そうすることで、深く潜ることができない幼いシャチたちも捕食できるようになるし、海面を背景に狩りをすればニシンの逃げ場もそれだけ限られる。

　さらには、尾びれでニシンを叩きつけるときの衝撃力は、深い場所より浅い場所でのほうが威力があるとする報告もある。また、餌とりの途中で呼吸のために浮上しなければならないシャチたちにとって、浅い場所のほうが継続して餌とりをつづけるには都合がいい[21]。

　カルーセル・フィーディングは、こうしたフィヨルドでニシンの群れを追うシャチたちが独創的に編みだした行動である。じっさいカルーセル・フィーディングを効率的に行うには、シャチにとっても練習が必要になるようで、1990 年代初頭にこの行動を最初に報告した Simila によれば、シャチが子どものうちは尾びれを打ちつけても 1 匹のニシンも麻痺させることはできないが、やがて成功率と、一度に麻痺させる匹数を増やしていくという[22]。この狩りの最中、（私自身の観察でもそうだが）シャチたちは麻痺したニシンを捕食するだけで、泳ぎまわるニシンを直接捕食する行動は観察されていない。

　ひとつの場所でのカルーセル・フィーディングはふいに終わる。時間とともに小さくなってしまったニシン群の大きさが魅力的なものでなくなるからか、それにあわせてシャチがとりまいて泳ぐのをやめると、ニシン群が深みに消え

てしまう場合が多いが、まだそこにニシン群があるにもかかわらず、シャチたちが泳ぎ去ってしまうこともある。

小さすぎる獲物

　一般に動物が獲物を狙うとき、相手があまりに小さいと、1匹を捕って得られるエネルギーよりも、それを捕るためのエネルギーのほうが大きくなって、割にあわなくなる可能性がある。そのために、自分の体にくらべてあまりに小さい相手は、獲物として狙う意味がなくなってしまう。

　しかし、例外がないわけではない。オオアリクイという体長1m強、長い尾まで入れると2m近くになる動物は、小さなアリやシロアリばかりを食べる。彼らはねばねばした舌をアリやシロアリの巣のなかに差しいれて、一度に多くのアリやシロアリを効率的に捕らえることで、うまくエネルギーを得ることができる。

　体長25mに達するシロナガスクジラは、体長5〜6cmのナンキョクオキアミ（海域によってはもっと小さいオキアミ類もいる）だけを食べて暮らす。彼らは海中に濃密にかたまるオキアミの群れを海水ごと一気に口のなかにとりこんだあと、両顎のすきまから海水だけを押しだして、膨大な量のオキアミをのみこむという、じつに効率的な餌とりができる。

　シロナガスクジラ（と同様の餌とりを行うナガスクジラ科のクジラ）の下顎から喉にかけては、何本もの畝と溝が走っており、餌をとるときにはこの畝と溝がアコーディオンの蛇腹のように大きく広がって、ひと口で大量のオキアミを海水ごと口のなかに捕らえることができる。そして、口腔内から海水を押しだすとき、オキアミの群れを逃がすことなく効率よく漉しとることができるように、歯の代わりにフィルターの

喉を膨らませて、大量のオキアミを口腔内に捕らえたシロナガスクジラ。

106　第4章　さまざまな生態型〜南極海と北大西洋から

役割を果たすヒゲ板というブラシ状の器官を備えている。

　こうして、自分の体にくらべて極端に小さな獲物を餌にしようとする動物は、多数の餌生物を効率的に捕らえる術をもってこそ、彼らなりの暮らしができるといっていい。

　カナダやアラスカの太平洋岸に生息するレジデントがおもに捕食するキングサーモンやギンザケは、少なくとも体長50〜60 cm、大きければ70〜80 cmになる。それにくらべてノルウェー北極圏のシャチたちが、せいぜい体長30 cmのニシンを食べて暮らそうとするなら、1匹1匹を追って捕らえるのではない、なにか効率的な餌とりの方法が求められたのかもしれない。

　先に紹介した南極海での魚食性のシャチであるタイプCについては、もともとライギョダマシという体長2 mに達する魚種をおもに食べていた。しかしPitmanらの報告では、1990年代にロス海でライギョダマシ漁が行われるようになって以来、シャチがこの魚をくわえている光景が観察されなくなったという。

　「2013年の調査で私たちは、マクマード湾（ロス海の入口に近いロス海と大陸の間）でタイプCのシャチが、非常に小さい魚を食べているのを観察した。コオリイワシのような小さい魚も数さえ密集していれば、ライギョダマシのような大きいけれど数少ない魚種以上の価値があるのだろう」[11]。

　タイプCは雄でも体長せいぜい6 mと、世界のシャチのなかではもっとも小さい生態型といっていい。とはいえ彼らが、最大で体長25 cmほどのコオリイワシを効率よく捕食する際だった方法を編みだしているのか、非常に興味のあるところだ。

＊

　ちなみに、ロフォーテン諸島周辺やティスフィヨルドでの私たちのシャチ観察も長くはつづかなかった。というのは、ニシンが越冬場所を変えはじめたようで、しかるべき季節が訪れても以前ほどティスフィヨルドでニシンが見られなくなり、それにあわせてシャチも姿を見せなくなったからだ。

　2012〜13年ごろには、ニシンの群れを追うシャチは、ロフォーテン諸島の北にあるアンデネスに近いフィヨルドのなかですごしはじめ、新たなシャチウォッチングの拠点になりはじめた。そこがティスフィヨルドと異なるのは、直接外海に開けたフィヨルドで、ニシンを求めてナガスクジラやザトウクジラも

同じ季節に姿を見せるようになったことである。

　さらに年を重ねると、ニシンの越冬場所はどんどん北に移りはじめる。近年は、ティスフィヨルドからなら 200 km 近く北東に移動したフィヨルドで、晩秋から年が明けて冬が終盤を迎えるころまで、シャチたちが豪快なカルーセル・フィーディングを繰り広げているはずだ。

　とはいえ、数の多寡はあれ、ティスフィヨルド付近で昔からシャチの姿が見られていたこともまちがいない。というのは、ティスフィヨルドを見下ろす岩山には、シカなどの陸上の動物とともに背びれをそびえさせた雄のシャチの、おそらく 9000 年前に描かれたと思われる岩絵が残されているからだ。

北大西洋のシャチ

　北部北大西洋は，以前からシャチが多く見られる場所として注目され、かつて水族館の展示のためにアイスランド近海で捕獲されたこともある。映画『フリーウィリー』の主役であった「ケイコ」と名づけられたシャチ —— 当初はメキシコの水族館で飼育されていた —— も、アイスランドで捕獲された個体である。そして、アイスランドやノルウェーあるいは北海沿岸などに生息するシャチたちが、たがいに交流があるものかどうかは長く議論の対象になってきた。

　また北大西洋では、いくつかのニシンの系群が知られており、それぞれを追うシャチたち、あるいはもう少し低緯度の海域でサバの群れを追うシャチ、さらに北海沿岸でアザラシやミンククジラを襲うシャチも知られている。こうしたシャチたちが、どう関わりあい、あるいはどう異なる暮らしをしているかは、北太平洋で「レジデント」「トランジェント」「オフショア」という異なる生態型のものが共存していることを知られるようになって以来、人びとの興味の対象になってきた。こうした議論にひとつの光をあてたのが、2009 年に発表された Andy Foote らの報告だった[23]。

　Foote らは、まずはイギリスを中心にヨーロッパの博物館に保存されているシャチ 100 個体以上の歯を調べ、その多くのものでは歯が極度に摩耗しており、一方でそれよりずっと少ないが、上記のものより大型で歯が摩耗していないグループに分けられることがわかった。前者のグループは、おそらくニシンやサバなどの魚類を捕食、一度に大量の数をのみこむときに歯が摩耗するので

108 ｜ 第 4 章　さまざまな生態型〜南極海と北大西洋から

はないかと推測した。

　ちなみに19世紀の鯨類学者Eschricht（コククジラの学名 *Eshrichtius robustus* は彼の名に因む）は、スコットランドやファロー諸島に漂着した、歯がすり減ったシャチを調べて *Orcinus eschrichtii* として報告している。

　一方、後者（歯が摩耗していないグループ）は、前者にくらべて食性は広くなく、もっぱらミンククジラを捕食しているらしい。

　こうしてFooteらは、前者を「タイプ1」、後者を「タイプ2」と、北大西洋（とりわけ北海などイギリスをとりまく海域）に異なる生態型が生息することを報告した。ただし、その時点では、ほんとうに両者がどれくらい遺伝的に異なっており、たがいに交流がないかどうかは将来の課題として残された。

　こうして2009年以来、北大西洋のシャチにタイプ1とタイプ2という2つの生態型があるとする知見は、世界中のシャチ研究者、シャチ愛好家によって共有されることになる。

　Footeらは、北大西洋にタイプ1、タイプ2の2つの生態型があることを提唱したあとも、北大西洋のシャチの遺伝的な特性や個体群間の違いなどについて調べつづけてきた。

　一般的に北大西洋でシャチの主たる餌資源になるべき魚種を考えるなら、夏に産卵するアイスランド近海のニシン、春に産卵するノルウェー近海のニシン（ともに北緯60度以北），もう少し低緯度（北緯40〜60度）ならサバ、さらに低緯度ならタイセイヨウクロマグロなどが考えられる。そして、それぞれをおもに捕食するシャチの群れがじっさいにいることは、以前から知られていた（私がノルウェーで観察していたのは、春に産卵するニシン群を追うシャチたちである）。

　Footeらは、これらのシャチたちから広く生体試料を採取、分析することで、北大西洋のシャチがどんな個体群に分かれて暮らしているかを調べた。その結果、まさに餌資源にあわせて、北大西洋には遺伝的に隔離された3つの個体群があると結論づけられた。高緯度海域でニシンを追う個体群A、中緯度海域でサバを中心に追う個体群B、さらに低緯度海域でタイセイヨウクロマグロを中心に追う個体群Cである[24]。

　また、夏に産卵するアイスランドのニシンを追う群れと、春に産卵するノルウェーのニシンを追う群れがどう遺伝的に隔離されているかは以前から議論が

あったけれど、それらはどうやら日常的に交流があるらしい。それには、1993年の映画『フリーウィリー』の主役になったケイコの、その後の動きが多少参考になるかもしれない。

　ケイコは1977〜78年にアイスランド近海で生まれたと考えられている。1979年、まだ2歳に満たないときに捕獲され、レイキャビクの水族館に運ばれる。そして3年後にはカナダの水族館に、さらに3年後にはメキシコの水族館に売られることになる。映画『フリーウィリー』が撮影されたのは、このときである。

　映画が放映された後、大きな世論の後押しをうけて、ケイコが生まれ故郷のアイスランドの海に帰されることになったことはよく知られている。1996年、ケイコはアメリカ、オレゴン州につくられたリハビリ施設に移される。さらに2年後の1998年、生まれ故郷のアイスランドのひとつの湾内の生け簀に移されたあと、湾すべてを自由に泳ぐ暮らしをはじめた。そして2002年に、外海を泳ぎまわるシャチとしてこの湾を旅だった。

　そのあとケイコは北大西洋を横断して、ノルウェー沿岸に達している。残念ながら2003年に肺炎によって死んだが、アイスランドのシャチがふつうにノルウェー沿岸にまで達することを教えてくれたのである[25]。

＊

　さて、中緯度海域でサバを中心に追う個体群Bについては、ときに個体群Aと行動圏が重なりあうときがあり、個体群Cに対するよりもたがいに少し近い関係にあるようだ（アイスランド近海からは、個体群Aだけでなく個体群Bに属すると思われるものも確認されている）。

　一方、2009年にFooteらによってタイプ2と定義されたシャチたちは、個体群Bに含まれるようだ。じっさいFooteらが、タイプ1、タイプ2という異なる暮らしを営むシャチがいるとしたのは、あくまでイギリス、スコットランドおよび北海周辺を中心に調査した結果であり、それを考えれば不思議なことではない。

　さらに低緯度に生息し、タイセイヨウクロマグロを中心に追う個体群Cについては、ジブラルタル海峡やカナリア諸島周辺にすむシャチたちが含まれている[26]。ただし、これがほんとうにひとつのまとまった個体群として考えられるかはまだ謎は多い。

タイプ 2 その後

　さて、世界の各地に生息するシャチの生態型について検討を行うとき、遺伝子解析と同時に形態や食性があわせて検討されるものだが[27]、2009 年に提唱された北大西洋のタイプ 2 だけは、おもに博物館におさめられていた歯——摩耗した歯が多いタイプ 1 の歯に対して、摩耗が認められない歯——の状態をもとに推察されたものだった。

　もともと、タイプ 1 を特徴づける摩耗した歯は、(同様の歯をもつアゴヒゲアザラシのように)魚群を吸いこんで捕らえる採餌方法に関連するものと考えられるが、タイプ 1 のシャチはもともと魚食性に限定されるわけではなく、アザラシを中心に襲うものなどさまざまな食性のものが知られている。

　北部ノルウェーに姿を現すシャチについては、その後も食性がくわしく調べられ、アザラシを中心に狙う一群のシャチがいること、また同一のシャチが、あるときにはニシンを、別のときにはアザラシを襲った例も報告されている[28,29,30]。アミノ酸の窒素同位体比を調べることで、その動物がどの栄養段階のものを食べているかも推測できるが、タイプ 1 が幅広い窒素同位体比を示すことも、彼らが多様な餌生物を利用していることを示している。

　さらに興味深いのは、同じ個体のシャチであっても、ニシンの群れを追うときにはある程度の群れをつくり、アザラシを狙うときには(カナダやアラスカのトランジェントであるように)、2〜3 頭の小群に分かれて行動することだ。

　一方、歯が摩耗していないタイプ 2 と思われるものが(博物館に所蔵された歯だけではなく)よりくわしく調べられるようになったのは、2009 年のFooteFoote の論文が発表されてからスコットランドの海岸に漂着した計 5 個体による。それによれば、彼らの窒素同位体比の幅はタイプ 1 が示すものよりははるかに狭く、もっぱらの海生哺乳類食者であろうことは推測されるものの、けっしてタイプ 1 のそれと重複しないことを保証するわけでもない。それに 5 個体は、なにかを論じるにはあまりに少ないサンプル数である。

　Foote 自身、2009 年の論文は北大西洋に生息するシャチにさまざまな暮らしをするものがいることを明らかにするうえで大きな意味があったが、目的が異なる生態型を確定することだけにあったわけではない、とする。そして、北部ノルウェーでニシン食のものやアザラシ食のものの生態が追跡調査されているように、それぞれの個体および個体群の具体的な暮らしをより詳細に知るこ

とこそが目的であり、その目的のために「タイプ1」「タイプ2」という呼び分けからは卒業してもいいのではないかとFoote自身が考えている[31]。

ジブラルタル海峡のシャチ

さて、北大西洋のシャチを論じるなら、ヨーロッパとアフリカの間に広がるジブラルタル海峡を中心に生息するシャチについても述べなければならない。白いアイパッチの下縁が、少し角ばって下方に突きだした特徴をもつシャチたちである。先の個体群Cに属するものたちで、「タイプT」とも呼ばれることもある。

近年、彼らがより注目されるようになったのは、スペイン、ポルトガルの沿岸でボートがシャチに"襲われる"というショッキングなニュースが相ついだからだ。彼らは体をボートにぶつけてきたり、スクリューを嚙んだりしたというが、シャチがほんとうに意図をもって"襲って"いるかどうかは疑わしい。

ときに動物は、新しい行動を発明し、それが興味深ければ群れの間に伝播させるものである。とりわけシャチのように、とりまく環境にあわせてさまざまな行動や生態を編みだし、それを群れの仲間に伝えてきた動物ならなおのことである。そして、彼らがなぜボートに体を寄せるかも、彼らと漁船との関係[32]を知れば理解しうることでもある。

マグロを捕食するシャチたち

ジブラルタル海峡にすむシャチは現在2ポッド、40頭弱からなるが、彼らの動向は1999年以降継続して調べられてきた。

彼らはマグロ（タイセイヨウクロマグロ）を追うことで知られているが、マグロの資源量の激減がこのシャチたちの暮らしを逼迫させていることは想像に難くない。それでも彼らが、とりわけ初夏から秋口にかけてジブラルタル海峡に頻繁に姿を見せるのは、この季節にタイセイヨウクロマグロの群れが地中海から大西洋に、この狭い海峡を通って移動するからである。

マグロを狙うのは、シャチだけではなく漁業者もまたしかりである。そしてシャチたちにとって、漁業者はなくてはならない存在になってきた。

移動するマグロの多くは水深数百mの深所を泳ぎ、シャチがそんな深さまで潜っていくのはむずかしい。しかし、漁船に釣りあげられるマグロを横どり

112 | 第4章　さまざまな生態型〜南極海と北大西洋から

するなら、シャチたちは浅い場所で待つだけですむ。こうしてシャチたちのなかに、漁船と関わりなく自分たち自身で狩りを行うグループと、漁船からマグロを横どりするグループ（自身でマグロを追うこともある）とがはっきりと分かれるようになった。こうして、両者の生存率や繁殖率がくわしく調べられるようになった[33]。

　結論からいえば、成獣の生存率では漁船からマグロを横どりするグループのほうがわずかに高い程度だが、1歳未満の子どもの生存率では圧倒的な差があったという。深く潜り、高速で泳ぐマグロを捕らえようとするのと、釣りあげられ海面近くに引きあげられてくるマグロをゆっくりと待つのとでは、狩りに費やされるエネルギーは格段に異なるだろう。

　近年、ジブラルタル海峡周辺でボートに体を寄せるシャチたちは、おそらくはこうした漁船に強く獲物を期待するシャチたちなのだろう。じつは、p.98で紹介した、2019年にPitmanらがチリ沖でタイプDの記録をとった調査行に同行していた研究者Jared Towersによれば、当時船からシャチを発見するのはむずかしいほどに荒れた海で、発見できたのはむしろシャチから船に接近してきてくれたおかげだという。チリ沖でもタイプDを含むシャチたちが、マジェランアイナメ漁の漁船から獲物をかすめとる行動があり、Towersらは記録をとることができたタイプDもそうしたシャチたちだったかもしれないと回想する[18]。

　ジブラルタル海峡に話を戻せば、漁船からマグロを失敬するグループの暮らしが安泰かといえば、けっしてそうではない。ジブラルタル海峡でのマグロ漁の漁獲高のデータを見ると、1980年代以降激減をつづけてきたマグロは、漁獲規制のおかげで1990年代に多少

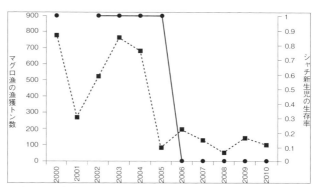

ジブラルタル海峡でのタイセイヨウクロマグロの漁獲高（破線）と、マグロを横どりするシャチのグループでの子の生存率（実線）。(Esteban, R. *et al.* 2016 [33] より改変)

113

の回復を見せた。そして 1999 年にはじまった研究では、ジブラルタル海峡で
マグロ漁船から獲物を横どりするグループでは、世界のほかの健全な個体群と
似た子どもの生存率を見せたものの、2005 年からふたたびマグロ資源が激減
すると、（少なくとも調査が行われた 2011 年まで）このグループの子どもの
生存率がゼロに、つまりは最初の 1 年を生きのびることができなくなってし
まった[33]。

汚染化学物質のホットスポットとして

　ジブラルタル海峡に生息するシャチたちが直面する問題は、餌不足だけでは
ない。海洋の高次捕食者であるシャチは、世界各地の海で汚染化学物質を高濃
度に蓄積していることが知られている。

　とくにヨーロッパ沿岸は人工稠密地に近いために、生息するシャチやイルカ
類に PCBs（ポリ塩化ビフェニル）などが高濃度に蓄積していることが調べら
れており、たとえば地中海では 1990 年には 7000 頭にのぼる集団死が起こっ
ている。そして、Jepson らの研究によって地中海西部からジブラルタル海峡
が、PCBs 汚染の世界的な“ホットスポット”であることが明らかになっ
た[34]。

　ジブラルタル海峡のシャチが直面する問題については、それぞれの研究者の
立場から、餌資源の激減あるいは汚染化学物質の蓄積のいずれかの観点から論
じられることが多いけれど、まちがいなく両者は複合的にこの限られたシャチ
個体群の将来に暗い影を投げかけている。じっさい、鯨類の皮下脂肪は蓄積さ
れる有機塩素系化合物の格好の貯蔵場所になっており、餌不足になったときに
脂肪を燃やしてエネルギー源にされると、汚染化学物質が血流中に再放出され
ることでより影響が出やすくなるとする報告もある[35]。

　またこの問題は、ジブラルタル海峡にすむシャチだけでなく、ヨーロッパ沿
岸にすむシャチに共通しているといってもいい。1992 年から 2012 年にわた
って個体識別がつづけられてきた、スコットランドやアイルランド沿岸にすむ
ごく少数のシャチについても同じである[36]。

　19 年にわたって継続して行われてきた個体識別調査の結果わかったのは、
生息するのは当初は 10 頭（調査の途中で 1 頭が死亡）、調査終了時には 9 頭
の群れで、そのなかに繁殖年齢の雌が 2 頭はいたが、調査が行われた 19 年間

で一度も子どもが観察されないことだった。世界のシャチ個体群で、雌は平均して6年に1子出産するから、調査期間のなかで1頭の雌が少なくとも2〜3頭の子を出産していても不思議ではないのに、である。汚染化学物質が蓄積されたときに、影響として生殖障害があることは広く知られているとおりだ。

　また、オランダなど北海沿岸では、1960年代まではシャチの座礁が報告されたものの、以来いっさいそうした報告が途絶えていた。おそらくは北海沿岸からはシャチがすでに姿を消したものと思われていたが、2016年2月、デンマークとの国境に近いドイツのラントゥム海岸にシャチの新生児（雄）が打ちあげられた。蓄積されていたさまざまな化学物質の濃度についても調べられたが、皮脂のPCBs濃度は225 ppm（これがどれだけ高い濃度であるかは、第7章を参照されたい）に達していた[37]。

　ジブラルタル海峡のシャチにしても、スコットランド・アイルランド沿岸のシャチ個体群にしても、個体数はあまりに少ない。彼らが将来にわたって生きつづけられる保証は、どこにもない。

[1] Mikhalev, Y. A., Ivashin, M. V., Savusin, V. P. & Zelenaya, F. E. 1981. The distribution and biology of killer whales in the Southern Hemisphere. Report of the International Whaling Commission 31: 551–566.

[2] Berzin, A. A. & Vladimirov, V. L. 1983. A new species of killer whale (Cetacea, Delphinidae) from Antarctic waters. Zoologicheskii Zhurnal 62(2): 287–295.

[3] Pitman, R. L. & Ensor, P. 2003. Three forms of killer whales (Orcinus orca) in Antarctic waters. Journal of Cetacean Research and Management 5(2): 131–139.

[4] Pitman, R. L., Perryman, W. L., Le Roi, D. & Eilers, E. 2007. A dwarf form of killer whale in Antarctica. Journal of Mammalogy 88(1): 43–48.

[5] Evans, W. E., Yablokov, A. V. & Bowles, A. E. 1982. Geographic variation in the color pattern of killer whales (Orcinus orca). Report of the International Whaling Commission. 32: 687–694.

[6] Visser, I. N. 2000. Antarctic orca in New Zealand? New Zealand Journal of Marine and Freshwater Research 33: 515–520.

[7] LeDuc, R. G., Robertson, K. M. & Pitman, R. L. 2008. Mitochondrial sequence divergence among Antarctic killer whale ecotypes is consistent with multiple species. Biology Letters 4: 426–429.

[8] Pitman, R. L. & Durban, J. W. 2010. Killer whale predation on penguins in Antarctica. Polar Biology 33(11): 1589–1594.

[9] Durban, J. W., Fearnbach, H., Burrows, D. G., Ylitalo, G. M. & Pitman, R. L. 2016. Morphological and ecological evidence for two sympatric forms of Type B killer whale around the Antarctic Peninsula. Polar Biology 40(1): 231–236.

[10] Durban, J. W., Fearnbach, H., Paredes, A., Hickmott, L. S. & LeRoi, D. J. 2021. Size and body condition of sympatric killer whale ecotypes around the Antarctic Peninsula. Marine Ecology

Progress Series 677: 209-217.

[11] ロバート・ピットマン. 2015.「南極海のシャチ」(『シャチ生態ビジュアル百科』誠文堂新光社)

[12] Pitman, R. L. & Durban, J. W. 2012. Cooperative hunting behavior, prey selectivity and prey handling by pack ice killer whales (*Orcinus orca*), type B in Antarctic Peninsula waters. Marine Mammal Science 28(1): 16-36.

[13] Durban, J. W. & Pitman, R. L. 2012. Antarctic killer whales make rapid, round-trip movements to subtropical waters: Evidence for physiological maintenance migrations? Biology Letters 8: 274-277.

[14] Visser, I. N. 2000. Variation in eye-patch shape of killer whales (*Orcinus orca*) in New Zealand waters. Marine Mammal Science 16(2): 459-469.

[15] Donnelly, D. M., McInnes, J. D., Jenner, K. C. S., Jenner, M. M. & Morrice, M. 2021. The first records of Antarctic Type B and C killer whales (*Orcinus orca*) in Australian coastal water. Aquatic Mammals 47(3): 292-302.

[16] Pitman, R. L., Durban, J. W., Greenfelder, M., Guinet, C., Jorgensen, M., Olson, P. A., Plana, J., Tixier, P. & Towers, J. R. 2011. Observation of a distinctive morphotype of killer whale (*Orcinus orca*), type D, from subantarctic waters. Polar Biology 34(2): 303-306.

[17] Visser, I. & Mäkeläinen, P. 2000. Variation in eye-patch shape in killer whale (*Orcinus orca*) in New Zealand waters. Marine Mammal Sceince 16: 459-469.

[18] ジェアード・ベアーズ. 2023.「タイプDのシャチを求めて」(『シャチ生態ビジュアル百科 第2版』誠文堂新光社)

[19] Foote, A. D., Alexander, A., Balance, L. T., Constantine, R., Munoz, B. G. V., Guinet, C., Robertson, K. M., Sinding, M. S., Sironi, M., Tixier, P., Totterdell, J., Towers, J. R., Wellard, R., Pitman, R. L. & Morin, P. A. 2023. "Type D" killer whale genomes reveal long-term small population size and low genetic diversity. Journal of Heredity 114: 94-109.

[20] Haro, D., Blank, O., Garrido, G., Cáceres, B. & Cáceres, M. 2023. Unraveling the enigmatic type D killer whale (*Orcinus orca*): Mass stranding in the Magellan Strait, Chile. Polar Biology 46: 801-807.

[21] Nøttestad, L. & Similä, T. 2001. Killer whales attacking schooling fish: Why force herring from deep water to the surface. Marine Mammal Science 17(2): 343-352.

[22] Simila, T. & Ugarte, F. 1993. Surface and underwater observations of cooperatively feeding killer whales in northern Norway. Canadian Journal of Zoology 71(8): 1494-1499.

[23] Foote, A. D., Newton, J., Piertney, S. B., Willerslev, E. & Gilbert, M. T. P. 2009. Ecological, morphological and genetic divergence of sympatric North Atlantic killer whale populations. Molecular Ecology 18(24): 5207-5217.

[24] Foote, A. D., Vilstrup, J. T., Stephanis, R. D., Verborgh, P., Nielsen, S. C. A., Deaville, R., Kleivane, L., Martin, V., Miller, P. J. O., Ølien, N., Pérez-Gil, M., Rasmussen, M., Reid, R. J., Robertson, K. M., Rogan, E., Simila, T., Tejedor, M. L., Vester, H., Vikingsson, G. A., Willerslev, E., Gilbert, M. T. P. & Piertney, S. B. 2011. Genetic differentiation among North Atlantic killer whale populations. Molecular Ecology 20: 629-641.

[25] 辺見栄. 2015.「ケイコという名のオルカ」(『シャチ生態ビジュアル百科』誠文堂新光社)

[26] Beck, S., Kuningas, S., Esteban, R. & Foote, A. D. 2011. The influence of ecology on sociality in killer whale (*Orcinus orca*). Behavioral Ecology 23(2): 246-253.

[27] Bruyn, P. J. N., Tosh, C. A. & Terauds, A. 2013. Killer whale ecotypes: Is there a global model? Biological Reviews 88: 62-80.

[28] Vongraven, D. & Bisther, A. 2013. Prey switching by killer whales in the north-east Atlantic:

Observational evidence and experimental insights. Journal of the Marine Biological Association of the United Kingdom 1-9.

[29] Jourdain, E., Vongraven, D., Bisther, A. & Karoliussen, R. 2017. First longitudinal study of seal-feeding killer whale (*Orcinus orca*) in Norwegian coastal water. PLoS One. 2017 Jun 30; 12 (6): e0180099.

[30] Jourdain, E., Andvik, C., Karoliussen, R., Russ, A., Vongraven, D. & Borga, K. 2020. Isotopic niche differs between seal and fish-eating killer whales (*Orcinus orca*) in northern Norway. Ecology and Evolution 2020(10): 4115-4127.

[31] Foote, A. D. 2022. Are "Type 2" killer whales long in the tooth? A critical reflection on the discrete categorization of Northeast Atlantic Whales. Marine Mammal Science 39: 345-350.

[32] Esteban, R., López, A., Rios, Á. G. D., Ferreira, M., Martinho, F., Méndez-Fermandeza, P., Andéu, E., García-Gómez, J. C., Olaya-Ponzone, L., Espada-Ruiz, R., Gil-Vera, F., Bernal, C. M., Capdevila, E. G., Sequeira, M. & Martínez-Cedeira, J. A. 2002. Killer whales of the Strait of Gibraltar, an endangered subpopulation showing a disruptive behavior. Marine Mammal Science 38 (4): 1699-1709.

[33] Esteban, R., Verborgh, P., Gauffier, P., Giménez, J., Guinet, C. & Stephanis, R. D. 2016. Dynamics of killer whale, bluefin tuna and human fisheries in the Strait of Gibraltar. Biological Conservation 194: 31-38.

[34] Jepson, P. D., Deaville, R., Barber, J. L., Aguilar, Á., Borrell, A., Murphy, S., Barry, J., Brownlow, A., Barnett, J., Berrow, S., Cunningham, A. A., Davison, N. J., Doeschate, M. T., Esteban, R., Ferreira, M., Foote, A. D., Genov, T., Giménez, J., Loveridge, J., Liavona, Á., Martin, V., Maxwell, D. L., Papachlimitzou, A. & Law, R. J. 2016. PCB pollution continues to impact populations of orcas and other dolphins in European waters. Scientific Reports 6, #18573.

[35] Lahvis, G. P., Wells, R. S., Kuehl, D. W., Stewart, J. L., Rhinehart, H. L. & Via, C. S. 1995. Decreased lymphocyte-responses in free-ranging bottlenose dolphins (*Tursiops truncatus*) are associated with released concentrations of PCBs and DDTs in peripheral-blood. Environmental Health Perspectives 103: 67-72.

[36] Beck, S., Foote, A. D., Kötter, S., Harries, O., Mandleberg, L., Stevick, P., Whooley, P. & Durban, J. W. 2013. Using opportunistic photo-identifications to detect a population decline of killer whales (*Orcinus orca*) in British and Irish water. Journal of Marine Biological Association of the United Kingdom 1-7.

[37] Schnitzler, J. G., Reckendorf, A., Pinzone, M., Tiedmann, R., Covaci, A., Malarvannan, G., Ruser, A., Das, K. & Siebert, U. 2018. The supporting evidence for PDB pollution threatening global killer whale population. Aquatic Toxicology: https://doi.org/10.1016/j.aquatox.2018.11.008

| 第 5 章 |

南半球のシャチたち

アルゼンチン、バルデス半島のシャチ

　現在、地球上の各地に生息するシャチたちがどう分岐し、登場してきたかについては、それぞれの個体群の遺伝子の比較解析によって、ある程度の道筋が描きだされるようになってきた。その詳細は後章に譲るが、氷期と間氷期とにあわせ、世界のシャチが分布域を狭めつつ個体数を減らした時期と、分布域を拡大させつつ新たな生態型を生みだすことを繰りかえしてきたこと、さらには世界のシャチに共通する祖先の集団は、南半球のどこかにすんでいたのではないかと考えられるようになった[1,2]。

　この祖先の集団から、最初に枝分かれしたのが北太平洋に生息するトランジェントだったようだが（ただし、汎世界的なシャチの遺伝子解析において亜南極のタイプ D はまだ十分には含まれておらず、シャチ "世界地図" におけるタイプ D の位置については、今後の研究を待たなければならない）、その後、南半球の母集団のなかで、南半球に残ったものと、北半球に移ったものとが袂を分かつ。そして南半球のなかでは、先に紹介した南極海に生息する各生態型のシャチたちや、現在南半球の各地で独自の暮らしを行うシャチたちが枝分かれしてきたと考えられている。

　南半球を特徴づける海洋環境でもっとも特筆すべきは、南極大陸をとりまくように西から東へめぐりつづける南極環流（南極周極流）の存在である。大きな陸塊に妨げられることなく、毎秒 1 億 5000 万トンの海水を流しつづける世界最大の海流は、その流域が高い生物生産を生みだす南極前線と重なってもおり、南半球の海洋生物の分散や移動に大きな役割を果たしてきた。

　サウスジョージアやマコーリー島、ケルゲレン諸島やクロゼ諸島など亜南極の島じまに豊かに生息するアザラシやオットセイを含む鰭脚類やペンギンた

ちの胃袋を支えているのがこの海流である。さらに、かつて島じまに動物たちがたどりつくのを助けたのも、この海流だった。

*

　本書は、現時点では *Orcinus orca* という1種に分類されているシャチが、地球の各地の海の環境と、それぞれの場所で利用できる餌生物にあわせて、独自の暮らしをしていることを、直接の観察と多くの研究者たちの精力的な努力の跡をたどりながら通覧しようとするのが目的である。

　比較的狭い海域を舞台に、際だった暮らしを営むシャチ個体群なら、アルゼンチン、バルデス半島をとりまく海にすむ者たちを紹介しないわけにはいかない。多くの自然ドキュメンタリーなどで紹介されてきたように、海岸に休むミナミゾウアザラシやオタリア（南米に分布するアシカの仲間）を狙って、シャチが海岸に乗りあげて豪快に捕食する光景が展開される場所である。

　この特異な行動を最初に報告したひとりが、チュブ州の野生動物保護監督官であった Juan Carlos Lopez らで[3]、私が最初にバルデス半島へ、Lopez の案内でシャチの観察に出かけたのは1990年のことだった。

　バルデス半島は南緯42.5度、パタゴニアの大地が大西洋に向かって小さなキノコのように突きだした半島である。この半島をとりまく海が最初に世界中に知られるようになったのは、一年のある時期（南半球の晩冬から春にかけての8〜11月）、南大西洋を回遊するミナミセミクジラが出産と子育てのために集まってくるからだ。世界の多くの場所から出かけるには相当に努力を要する場所であるにもかかわらず、世界でももっとも早くから、そして多くの人びとを魅了してきたホエールウォッチングが行われてきた場所でもある。

　さらに、隆起によってできたこの半島をとりまく海岸段丘の下に広がる浜には、ミナミゾウアザラシやオタリアがコロニーをつくり、海ではミナミセミクジラだけでなくハラジ

119

ロカマイルカが頻繁に観察される。この地を、別の大陸にある陸上動物の楽園の名に因んで、「海のセレンゲティ」と呼んだのは、この地で長くミナミセミクジラの生態を調査してきたRoger Payneだった。

Lopezの案内で出かけたのは、バルデス半島

海岸段丘に囲まれたバルデス半島。段丘の下に広がる海岸に、オタリアやミナミゾウアザラシが休む。

の北端にある岬プンタノルテ（文字どおり「北の岬」の意）である。件のシャチの豪快な狩りは、バルデス半島のなかでも、ほとんどがプンタノルテで行われるからだ。

プンタノルテも小高い台地になっており、かつて海中にあったためにいまでも多くの海生動物の化石が見つかる斜面を降りれば、ミナミゾウアザラシやオタリアが集まる海岸に降りたつことができる（ただし、海岸に降りたつには野生動物保護のために、チュブ州から特別の許可を得る必要がある）。

その後、何度も異なる季節にバルデス半島を訪れているが、海岸に集まるミナミゾウアザラシやオタリアのさまは、それぞれの繁殖期との関わりによって大きく異なる。

ミナミゾウアザラシは10〜11月（半島をとりまく海ではまだミナミセミクジラが数多く見られる時期だ）に繁殖期を迎える。海岸では多くの雌が集まり、そのなかに1頭の巨大な雄がいて、ときおり彼のなわばりに侵入しようとする新参の雄と激しい闘いを見せることもある。

一方、雌たちが黒い新生児毛に包まれた子アザラシに授乳する光景もそこここで見ることができる。雌は、出産したあとおよそ3週間、子を集中的に面倒を見つづける。その間、子アザラシは脂肪分の多い乳をもらって、生まれたときの体重40 kgから、授乳期の終わりには百数十 kgまで成長する。そして、黒い新生児毛は、銀灰色の毛皮に生えかわる。

その直後、子別れはふいに訪れる。雌は子のもとを去って、繁殖期間に絶食

し子育てをしたために失った体重をとり戻すため、海での餌とり生活をはじめることになる。一方、雄も自分のなわばりにいる雌が出産して子育ての途中に迎える発情期を終えたあとは、彼もまた繁殖期の間絶食をし、侵入者と闘いつづけ、雌たちと交尾をして失った体重をとり戻すために、海での暮らしをはじめる。

こうして、海岸にはまだ幼い子アザラシたちだけが残されることになる。彼らは、それまでの母乳によって体に蓄えた栄養だけで暮らしながら、自身で海での暮らしに馴染み、自立しなければならない。自立までのひとときを仲間同士で海岸ですごしたり、海に入って泳いだり餌とりの練習を行うが、そのときがシャチにとっては格好の狩りの時期になる。

一方、オタリアが繁殖期を迎えるのは2〜4月。ミナミゾウアザラシと同じように、繁殖期の初期に成熟して力のある雄が海岸に上陸してなわばりを構え、そこに（前年に妊娠した）雌たちが上陸して、出産と子育てを行う。ちなみに（アザラシと異なり）アシカの仲間であるオタリアは、出産後1週間程度は集中して子どもの面倒を見たあとは、海に数日間餌とりのために出かけては海岸に戻って授乳をするという暮らしを繰りかえすようになる。

こうして母親が海に餌とりに出るようになると、子どもたちは集まって海岸ですごし、ときには波打ち際で戯れることもある。この時期が、シャチたちにとっての格好の狩りの時期だ。そして、最初に私がバルデス半島に訪れたのは、オタリアの繁殖期、生まれた子どもたちが、自分たちで海岸で遊びはじめる4月初旬のことだった。

アタック・チャネル

プンタノルテの海岸は概して砂利浜だが、とりまく海は、（潮が大きく引けば見えるようになるが）ごつごつした岩礁におおわれて、潮が満ちても大きなシャチが波打ち際に達するのはむずかしい。しかし、数か所、岩礁が切れて水路をつくっている場所がある。シャチはこうした水路をたどって、波打ち際にやってくる。とすれば、私たちが待機する場所も自ずから決まってくる。

なかでも1本のとりわけ広い水路は、シャチが狩りのためによく使う場所で、現地では「アタック・チャネル」と呼ばれていた。このアタック・チャネルのすぐ上の海岸に、研究者が枯れ木などを組んで身を潜めて観察するブライ

ンドを設営していた。身を潜めるのは、その前を行き来するオタリアを驚かせ
ないようにするためである。

　じっさいにブラインドのなかから頭をかかげて海岸の左右を眺めれば、そこ
ここにオタリアの雌たちが褐色の塊になって休んでいる。その間で蠢く黒い小
さい塊が、生まれてまもない子どもたち。彼らよりいくぶん大きい子どもたち
が、数頭かたまって遊ぶ光景もある。彼らが波打ち際で遊びはじめるときが、
もっともシャチに狙われる時間になる。そのため、ブラインドの前の海岸でオ
タリアの子どもたちが遊びはじめたなら、私たちは息を殺し、彼らを驚かせる
ことがないようにしなければならない。

　ちなみに水路があるとはいえ、シャチが狩りができるのは、潮がある程度満
ちているときに限られる。そのため、私たちは3週間にわたって、満潮時を
はさんで前後約3時間（合計6時間）、このブラインドに身を隠しながらシャ
チを待ってすごすことになった。

　休めるのは強風が吹く日。バルデス半島はときに強風が吹く土地柄であり、
大きな波が海岸に打ち寄せる日には、シャチは海岸での狩りを行わない。自分
自身が不用意に打ちあげられてしまう危険があるからだ。

　ポットに入れてきたコーヒーを飲み、パンを囓りながら、シャチの出現を待
つ。トイレに行きたくなれば、身をかがめながら海岸をのぼって灌木の茂みの
間で用を足す。

　海の上を優雅に滑空するのはオオフルマカモメ。長い翼でグライダーのように
滑空する姿はみごとだが、動物の死体があればそれに群がる腐肉食者でもある。

　バルデス半島周辺にはマゼランペンギンの営巣地がある。4月は彼らが繁殖
地を離れている時期だが、海では出会うときもあり、私たちがブラインドのな
かですごすとき、ふいに上陸して私たちの目を楽しませてくれることもある。

　こうして私がはじめてアタック・チャネルを訪れての最初の数日間、海は荒
れつづけた。波打ち際の少し沖で大きく盛りあがった波が海岸に打ちつけて白
く泡だて、強風がしぶきを舞いあげると、大気さえ白くかすんで見える。その
なかで私は、沖の海上を滑空する海鳥たちの姿だけを双眼鏡で眺めてすごすこ
とになった。一度だけ、沖にシャチの背びれのようなものを双眼鏡にとらえた
が、そんな日に彼らが海岸にまでやってくることがあるはずはなかった。

　観察をはじめて5日目、海はようやく凪ぐ気配を見せた。海面はそれまで

122　第5章　南半球のシャチたち

と趣きを一変させ、蒼空を映して青く輝き、前日まで波が逆巻いた渚には、ひたひたと静かにさざ波が打ち寄せるだけだ。

アタック・チャネルを訪れてブラインドのなかに身を潜めると、すぐに双眼鏡をとりだして沖を眺めはじめる。ブラインドのなかで待つ Lopez や学生たちのまわりにも、昨日までなかった張りつめた雰囲気が漂っている。

太陽がちょうど中天をまわったころ、沖に2頭の雄のシャチの背びれが見えた。この距離では雌や子どもの小さな背びれは見えないだろうから、ほかにもいるかもしれないが、この海のシャチは、オタリアやミナミゾウアザラシなどを中心に狙うために、（カナダ、アメリカ太平洋岸のトランジェントと同じように）大きな群れはつくらない。2〜3頭で獲物を探索し、狩りをするのが常だ。

シャチの背びれが海面下に消えると、つぎに浮上すると思われる海面に双眼鏡を向けて浮上を待つ。しかし、このときの私の予想はことごとくはずれて、シャチたちはきまって思わぬ場所から姿を見せた。前日までの数日間の時化のあとで、シャチたちも久しぶりの岸沿いでの狩りを行いはじめていたのだろう。海面下では、まさにトランジェントと同じように不規則な動きをしていると思われた。

海岸から眺めて右へ（南東へ）泳いだかと思えば、ふいに向きを変えて左へ（北東へ）泳いだりもする。私たちは心を高ぶらせながら双眼鏡を眺めつづけたが、この日シャチたちは結局、海岸に近づくことなく姿を消した。

メルとベルナルド

予報では幸い好天が数日続くことになった。そして翌日も、この2頭の雄のシャチは沖に姿を見せた。

この日のシャチは、最初に姿をとらえたときから、さほどの沖ではなく、肉眼でさえ背びれのさまを見てとれるほどの距離のところを遊弋している。さらに右へ行ったり左へ行ったりと動くさまが、彼らが前日以上に執着して獲物を狙っていることをうかがわせた。

すでに潮はたっぷりと満ち、アタック・チャネルは巨大なシャチがオタリアの子どもたちが戯れる場所にまで迫れるほどの水をたたえている。海岸に目を移せば、大人のオタリアたちは浜の上で難を逃れながら、視線を沖に向けつづけている。ときに海のなかにいて波間に姿を見せるものもいるが、大人たちな

ら海面下に岩場があるはずの場所にいるのは、そこにシャチがくることができないことがわかっているのだろう。一方で危険なのは群れ遊ぶ子どもたちで、そのときも母親から離れた5頭が、アタック・チャネルにつづく波打ち際で無邪気に戯れあっていた。

海岸に獲物になるオタリアがいることを、シャチたちがどの程度の距離から知ることができるのかはわからないが、すでに水路に入りはじめた2頭の背びれが見えた。そして、その瞬間は驚くほどあっけなく訪れた。

シャチが海面下に姿を隠していても、その巨体が勢いをつけて泳ぐときにできる波が岸に迫るのを見てとることができる。そして、浅瀬にきたシャチは、背びれを海面下に隠しきれなくなったのだろう。高い背びれの先を潜望鏡のように海面に突きだしたまま、一気に波打ち際に迫った。

波が穏やかな日でも、寄せる波が海岸の砂利をまきあげるなかで、シャチにとってエコロケーションに頼るのはむずかしいかもしれない。シャチたちはパッシブソナー、つまりは獲物が出す水音を聞き分けて接近しているのではないかと考える研究者は多い[4]。

海面に見えるシャチの背びれが波打ち際に近づいても、オタリアの子どもたちはまだなにが起こっているのかわからないようで、逃げだす気配を見せない。次の瞬間、海の一部が大きく盛りあがると、小山のようなシャチの巨体が現れて、オタリアの子どもたちに襲いかかった。覗き見るカメラのファインダーのなかで、跳ねあがる飛沫と、シャチの体の黒と白、逃げ惑う子どもたちの姿が交錯する。

私は一瞬ファインダーから目を離して、自分の目でなにが起こっているかを確かめようとした。そのときにはすでに1頭の雄シャチが汀線あたりまで乗りあげて、ほぼ全身を晒している。

彼は尾びれで海面を叩きつけて、自分の体をさらに浜の上に押しあげると、逃げ惑うオタリアの1頭をくわえとった。そのとき私は、そのシャチの高い背びれが、途中で少し右に曲がっていることに気づいた。Lopesらが「メル」と名づけた、堂々とした体軀を誇るシャチである。

じつはこの地にくるまでにも、テレビなどで放映されたドキュメンタリーでも、背びれが中央で少し曲がった雄の姿はよく目にしていた。つまりメルは、ほぼ30頭といわれるプンタノルテに姿を現すシャチのなかでも、よく海岸で

124 | 第5章 南半球のシャチたち

オタリア狩りをする個体として知られ、おそらく個体としてはもっともテレビや映画を通して世の人の目に触れてきたシャチでもある。

メルにつづいて、もう1頭の雄シャチも海岸に迫っていたが、結局、彼はすでに浜の上へ逃げた子どもたちを目に、波打

オタリアの子どもを狙って波打ち際に乗りあげたメル。背びれが曲がった姿が特徴的だ。1990年撮影。

ち際に達するまでもなく水路を引き返しはじめた。彼はメルより少し若く見えるが、すでに高く伸びた背びれを誇るから成熟した雄だ。背びれの後縁がぎざぎざに切れこんでいるが、傷ついた背びれは、トドなど鰭脚類を襲うカナダやアラスカ沿岸のトランジェントにもよく見られる特徴である。彼は「ベルナルド」と名づけられ、「メル」の弟にあたる。

一方、巨大なメルの口にくわえられたオタリアの子どもは、私たちがいる場所からは小さな虫けらのようにも見える。一瞬、子どもの甲高い悲鳴が聞こえたような気がして耳を澄ませたが、波の音、風の音のなかにふたたび子どもの声を聞くことはなかった。

逃げのびた子どもたちは、ただなりゆきを見つめるだけだ。そのなかでメルが首を激しくふり、くわえた獲物を浜に叩きつけると、わずか数分前まで渚で戯れていたオタリアの子どもは、力なく垂れ下がる小さな肉塊に変わっていた。

メルにとっては、もうひとつ大きな課題が残っている。浜の上に完全に乗りあげている自身の巨体を、安全に海に戻すことだ。

打ち寄せる波にあわせて尾びれで水を蹴り、一方で胸びれを突っぱるようにして体の向きを変えていく。メルが浜の上で体をゆするたびに、ぴんと張った皮膚の下で筋肉がふるえるのが見えた。浜の傾斜も、彼が海に向かうのを多少は助けている。

全身が空中に出ている間は、浮力の助けが期待できないが、大きな波が寄せ

て体を浸し、さらに自身の動きで少しでも浜を下方に移動できれば、水が体を浮かせてくれるようになる。こうして、獲物をくわえたまま体を反転させはじめたメルは、ふいに寄せた大きな波に尾びれの動きをあわせて、一気に海中に戻ることができた。

　じつは、この特殊な狩りはシャチにとっても危険をともなうもので、Lopezによれば、じっさいに狩りをしないときに、年長のシャチが子どものシャチに手本を見せるかのように、岸に向かって勢いをつけて泳ぎ、乗りあげた浜から体を反転させて海に帰る行動が何度も観察されているという。

　母親の行動をまねて浜に乗りあげた子どものシャチが、ときに海に帰れなくなってしまうこともある。そんなとき、母親のシャチは自分自身も子どものすぐ横に乗りあげて、子どもの体を海に押し返す行動をとることも観察されている。こうして、プンタノルテで演じられる際だった狩りの方法は、地域個体群のなかで編みだされ——各個体は学習によって体得し——群れのなかで世代を超えて受け継がれてきたのである。

　海に目をやると、水路をゆっくりと沖に向かっていくメルとベルナルドの背びれが見えた。そのとき、はっきりとその形状を確認することはできなかったが、もう1頭、小さな子どものシャチの背びれが海面に浮かぶのが見えた。メルたちとの血縁関係はわからないが、Lopezらによって「ナディア」と名づけられた個体だという。

　観察の緊張感から解かれて、カメラのファインダーから目を離したときのことだ。海面に大きなしぶきがあがり、オタリアの子どもの体が宙に舞うのが見えた。私は一瞬、メルがとらえた獲物を尾びれで跳ねあげたと思ったけれど、じつはメルの背びれはそこから少し離れたところにあって、大きくしぶきがあがった場所に浮かんだ背びれは、ナディアのものだった。

　そのあとも何度か、すでにぼろぼろになったオタリアの子どもの体は宙に舞った。おそらくはナディアの仕業によるものだが、とすればメルは、自分の獲物をナディアに渡していたことになる。そして、ナディアの背びれが見えるあたりには、それまで海上を優雅に滑空していたオオフルマカモメなど腐肉食者の鳥たちが、集まりはじめていた。

　こうしてプンタノルテでのはじめての3週間は、結局三度、同様に成功した狩りを見ることができた。アタック・チャネルにシャチが入ってきてもじっ

さいに狩りは行われず、パトロールするように泳いでは出ていくこともあれば、波打ち際で遊ぶオタリアの子どもたちに向けて突進を試みながら、狩りが成功しなかった場合もある。

プンタノルテ以外の場所で

　それにしても、この海岸だけで行われる狩りの成果だけで、シャチたちの暮らしが完結しているとはとても思えない。さらには、プンタノルテ周辺に姿を見せるシャチたちのなかには、海岸に乗りあげる狩りをいっさい行わないものも知られている。とすれば、海中でも、あるいは別の場所でも狩りが行われているのだろう。それについては参考になる、いくつかの調査がある。

　ひとつは、オタリアやミナミゾウアザラシの非繁殖期にシャチがどのあたりでよく見られるかを調べた報告である。

　5月をすぎると、オタリアの繁殖コロニーができるプンタノルテでのオタリアの数は激減する。かといって彼らは遠方まで回遊をするわけではない。非繁殖期をすごすコロニーがバルデス半島周辺にもいくつか知られており、そうしたコロニー近くでシャチがより頻繁に観察されるようになる[5]。

　こうした岩礁にあるコロニーでは、シャチがオタリアを襲うことができるわけではない。当然餌とりのために海に出かけるオタリアが獲物になっていることは想像可能だ。とすれば、繁殖期であっても海に出て餌とりを繰りかえす母オタリアが、沖で獲物になっていても不思議ではない（以前、バルデス半島沿岸ではないが、アルゼンチンのもう少し南方の海上で、シャチの群れがオタリアを囲いこむ行動をとり、逃げ惑うオタリアが私たちの船にぴったりと体を寄せて難を逃れようとしたことがあった。そのときは、私たちの船は移動をはじめなければならず、その後オタリアがどうなったかは確認できなかった）。

　もうひとつの興味深い報告は、ミナミゾウアザラシの繁殖期が終わる12月から、オタリアの繁殖期がはじまる前の1月までの間、バルデス半島の北側に広がるサンホセ湾の沿岸で、シャチに襲われたエビスザメがよく打ちあげられるというものだ[6]。エビスザメは体長3mに達する温帯域に多いサメで、体のすべてがシャチに捕食されるわけではなく、肝臓を含む一部だけが食べられて発見される。ときにはシャチから逃げるために、浅瀬に逃げこんで結局、海岸に打ちあげられて死んだサメもいるという。

南アフリカ沿岸のシャチについて後に紹介するが (p. 145)、そこでもエビスザメを中心にした何種かのサメが、きまった個体のシャチたちに襲われるできごとが頻発しており、彼らもまた腹部を切り裂いて肝臓だけが食べられていた。

　また、バルデス半島の南に広がるヌエボ湾ではハラジロカマイルカや、湾外ではマイルカの群れが頻繁に見られ、シャチが彼らを襲っている光景も（機会はけっして多くはないが）観察されている[7]。そのときはいずれも、（ライオンが行う狩りにも似て）ポッドのメンバーがイルカを追いたて、別のところで待つ体の大きなシャチが体当たりをして、イルカの自由を失わせるという行動をとるという。

　そしてもうひとつ、バルデス半島周辺ならシャチとの関わりがどうしても気になるのがミナミセミクジラの動向である。じっさいにはミナミセミクジラはあまりシャチの捕食の対象にはなっていないが、子クジラが襲われた例がないわけではない。バルデス半島周辺に来遊するミナミセミクジラは出産と子育てが目的であり、シャチの存在が彼らの生態になんらかの影響を与えていると考えてけっして不思議ではない。

　1970 年代からこの地でミナミセミクジラの調査を行ってきた Payne らによれば、当初半島周辺に来遊するミナミセミクジラは、おもに半島の東側海岸を中心に出産と子育ての場所として使っていた。しかし、1980 年代から 90 年代を経て、徐々に半島の南側に広がるヌエボ湾を中心に集まるようになった。

　私自身 1980 年代後半からコロナ禍前まで、結局 8 回にわたってバルデス半島へミナミセミクジラの観察に訪れているが、それぞれの調査・撮影地はすべてヌエボ湾であり、世界的に知られるホエールウォッチングもヌエボ湾で行われている（半島の北側のサンホセ湾にも、ヌエボ湾よりは少数だがミナミセミクジラが集まるが、サンホセ湾はクジラの完全な保護区として、船舶を使ってのホエールウォッチングはいっさい禁止されている）。

　ちなみにヌエボ湾での、ミナミセミクジラのすごし方が興味深い。

　ヌエボ湾の西岸では、最奥部に大都市プエルトマドリンがあり、船舶の往来が多い。一方、北岸は全体が野生動物の保護区になっているバルデス半島そのもので、沿岸は開発されないままに残されている。さらに北岸には海岸段丘にはさまれた入江が連なって、鯨類を含む海洋動物が休息するには格好の地形だ

といえる。プンタノルテとは半島の反対側にあたるが、オタリアの小さなコロニーも散在する。

このヌエボ湾の北岸で、生まれてまもない子クジラを連れたミナミセミクジラは、とりわけ遠浅の入江の相当に浅い場所ですごすことが多い。ミナミセミクジラの水中での生態をとらえた写真は、私自身を含めて多くの写真家によって撮影されてきたが、それらのほとんどはこうした場所で撮影されたもので、写真のなかに浅い海底が写りこんでいることが多い。

入江の奥が波静かで、ゆっくりとすごせることはあるだろう。しかし、その巨体の割には浅すぎると思える場所もある。

ヌエボ湾の湾奥の、水深わずか数mの場所で休むミナミセミクジラの母子。

p. 77で紹介したように、シャチに狙われたコククジラは体が海底に触れるほどの浅瀬に逃げることが観察されている。シャチが子クジラを襲うときには、まずはクジラの上に体を乗りあげて沈め、窒息させたり体力を消耗させる作戦をとることが多い。親子連れのクジラが浅瀬ですごすのは、それを避ける意味があるだろう。

ヌエボ湾はプンタノルテ沿岸のように、日常的にシャチが行き来する海ではないが、じっさいに観察されていることも事実だ。Payneらは、ミナミセミクジラが出産と子育てのおもな場所を、バルデス半島の東側沿岸からヌエボ湾に移してきたこと、ヌエボ湾のなかでもとりわけ遠浅の入江を子育ての場所に使っているのは、シャチによる捕食を極力避けるためのものではないかと推測している[8]。

さて、ミナミセミクジラを含むヒゲクジラ類の多くが、季節にあわせて南北の大規模な回遊をすることはよく知られている。南北それぞれの半球で、夏期には生物生産の豊かな高緯度の海域でたっぷりと餌をとってすごし、冬から春先にかけて繁殖の季節には、低緯度の温かい海で出産と子育てを行う。

こうした季節的な回遊をする理由として、つねに「採餌」と「出産・子育て」があげられてきた。採餌については、餌の量が多い高緯度の海ですごすことは素直に理解できるが、「出産・子育て」について、ほんとうに"温かく、穏やかな海"を求めての回遊であるのかは、以前から引っかかっていた。

子クジラのもっとも手強い捕食者であるシャチについては、その生息密度は圧倒的に高緯度の海において高い。近年、ヒゲクジラ類による出産と子育ての季節にあわせた低緯度海域へ回遊が、あるいはシャチによる捕食を最小限にするためのものでもあるとする説[9,10]がある。もちろん一定の反論[11]もあるものの、説得力をもちはじめているといっていい。

バルデス半島、その後

上記の 1990 年の取材から 14 年後、(バルデス半島にはミナミセミクジラの繁殖期である 9〜10 月にはたびたび訪れていたが) 2014 年に久しぶりに、プンタノルテのシャチの行動観察を行うことになった。それを行うにあたってチュブ州からの撮影取材許可が必要になるのは同じだが、変わっていたのは、海岸の地形が以前から多少変わったのか、ブラインドがなくなり海岸の自然な起伏を利用して身を潜ませるようになっていたことと、プンタノルテのシャチの生態調査や保護にあたって PNOR (Punta Norte Orca Research) という組織ができ、研究がより積極的に行われるようになっていたことである（バルデス半島周辺のシャチについての近年の研究・報告は、PNOR に所属する研究者たちの手によるものが多い）。

プンタノルテの環境もずいぶん変わった。以前はなにもなかった岬に、自然観察のための遊歩道が完備され、この岬から観察できるシャチやミナミゾウアザラシ、オタリアの暮らしや生態について説明した解説板がそこここにかかげられるようになった。そして、以前とは比較になら

PNOR (Punta Norte Orca Research) が制作したシャチの ID カタログ。

ないほどの観光客が訪れるようになり、遊歩道のそこここでプンタノルテの風景や動物の観察を楽しんでいた。

シャチについては、PNORによってIDカタログが制作されている。そこに掲載されている、プンタノルテに姿を見せ

プンタノルテの遊歩道に設置されたシャチの生態を説明する解説板。

るシャチは21頭、そのなかで海岸に乗りあげて狩りをすることが知られているのは12頭という。それぞれの個体につけられている名称は、かつてLopezらがつけていたものが引き継がれておらず、メルは特徴的な背びれからPTN001であることはわかるものの、それ以外の当時子どもであったナディアについては現在、どの個体番号がつけられているのか（あるいはすでに亡くなっているのか）はわからない。ベルナルドについては、1993年以来目撃されておらず、IDカタログにも掲載されていない。

ただ、そのときの監督官の説明では、PTN001ことメルは、前年の秋ごろからいっさい姿を見せていないという。おそらくはその時点で50歳をすぎており、それまで季節になればプンタノルテに姿を見せつづけた彼の行動を考慮するなら、死んだと判断するのが自然だろう。もし、私が二度目になるこの取材をもう1年早く計画していれば、ほんとうに久しぶりにメルの勇姿を眺めることができたはずだった。

IDカタログに掲載されているシャチたちのなかで、海岸に乗りあげて狩りをする個体を眺めると、（メル以外は）すべて雌であることに気づく。以前プンタノルテを訪れたときは、海岸でオタリアを襲ったのはすべての機会においてメルとベルナルドで、ともに高くそびえたった背びれが印象的だったが、今回は違った光景が展開されるのだろう。

アタック・チャネルの上の浜の窪みに身を潜めて、風のさま、波のさまに一喜一憂しながら、シャチが姿を見せるのを待つ作業は以前と変わらない。

そして、じっさいのハンティングの場面を迎えてみると、以前とは多少異な

る狩りが展開されること
に気づいた。狩りの場面
によく姿を見せたのはジャスミン（PTN002）という、子連れの母シャチである。ジャスミンは、2014年当時で22〜23歳である。そのとき連れていた子は2010年生まれのコンケ（PTN022）である。

海岸に群れ遊ぶオタリアを狙って、波打ち際まで接近したシャチ。成長したオタリアは、海岸のシャチに襲われない高さまで避難するのが常だ。

　以前、メルやベルナルドが行った狩りでは、つねに水路を沖からまっすぐに海岸に接近して、一気に海岸に乗りあげてオタリアの子を襲ったものだった。しかし、今回ジャスミンを含む何頭かの雌たちの狩りを見ると、沖から波打ち際に向けて接近したあと、泳ぐことができるぎりぎりの浅さのところを汀線に沿って泳ぎながら、逃げるオタリアを後方から捕らえるという方法がめだった。

　あくまで旅行者としての限られた観察からの印象であり、どこまで一般化できるかは疑問だが、2014年以来三度にわたり各回2週間にわたってプンタノルテですごした印象でもある。あるいは、オタリアの子どもたちの逃げ方にあわせたものだったのかもしれないし、巨大なメルの体ではオタリアの子どもたちが逃げる波打ち際を泳ぐことができず、一気に乗りあげるしかなかったのに対して、いくぶん小柄な雌は浅い波打ち際でも多少なら泳げたのかもしれない。

　もうひとつの違いは、ジャスミンは母親として、自分の子どもをしたがえて狩りを行っていたことだ。狩りのテクニックを含むさまざまな行動が地域個体群のなかで伝えられていくなかで、母から子への伝播はより直接的で効率的なものだろう。当時、ジャスミンの娘コンケは、海岸に乗りあげての狩りを行うことは確認されていなかったが、現在はこの狩りを行うことが知られている。こうして、彼女は地域個体群が編みだし伝えてきた狩りの際だったテクニックの、貴重な伝承者になっている。

132　第5章　南半球のシャチたち

クロゼ諸島のシャチ

　クロゼ諸島は、南アフリカの南東沖1800 kmの南大洋上に浮かぶ絶海の島じま(フランス領)で、キングペンギンやミナミゾウアザラシが海岸に群れる野生動物の楽園として知られてきた。とくに古くからのシャチファンにとっては、シャチが島じまの沿岸を遊弋し、キングペンギンやミナミゾウアザラシを豪快に捕食する舞台としても知られてきた。しかし1970年代以降、キングペンギンやミナミゾウアザラシも大きく数を減らしてきたことで、世界的に警鐘が鳴らされてきた島じまでもある。

　近年では、1997〜2006年にわたってキングペンギンの繁殖成功率や成鳥の生存率についてのくわしい調査がなされてきたが、クロゼ諸島周辺海域

の水温があがったために餌資源が減少、個体数の減少が顕著に見られることが報告された。また、周辺海域の水温が0.26℃あがるごとに、成鳥の生存率が9%ずつ下がるという結果も、世界を震撼させたことのひとつだった[12]。

　さらには2018年には、フランスの研究者Weimerskirchらが、それまでの35年間でクロゼ諸島のキングペンギンが50万番いから6万番いまで、つまりは88%減少したことを報告している[13]。

　またミナミゾウアザラシについては、1970〜90年代の間に80%個体数が減少した(クロゼ諸島のミナミゾウザラシの生息数については、1997年が最低で、2000年以降多少回復の兆しも見られている)[14]。

＊

　キングペンギンが海岸を埋め尽くし、ミナミゾウアザラシが繁殖する島として、もうひとつ南米大陸の南東1300 kmの場所に浮かぶサウスジョージアがよく知られるが、サウスジョージアではキングペンギンにしてもミナミゾウアザラシにしても、大きな個体数の変動は見られない。その差をつくりだしてい

る理由を探るのは簡単ではないが、ひとつの理由はクロゼ諸島が、南極前線の北側に位置するのに対して、サウスジョージアが南極前線の南側に位置することかもしれない。

　南極前線とは、南極大陸をとりまく冷たい水塊と、北方からのいくぶん温かい水塊がぶつかりあう場所である。ぶつかりあう2つの水塊は、そのまま深層に潜りこむように流れるが、南極前線の南側ではその水を補うように、深層から湧きあがる流れがある。これが栄養分を光射す海面近くにまでもちあげて、生物生産の高い水域を形成している。サスジョージアはまさにそんな海洋環境のなかに浮かんでおり、前線の北側に浮かぶクロゼ諸島よりは、気候変動とりわけ温暖化による海洋環境への影響はうけにくいと思われる。

　いずれにせよクロゼ諸島では、キングペンギンにしてもミナミゾウアザラシにしても、気候変動とりわけ温暖化によってもたらされた餌資源の大きな変化の影響をうけた。とすればその海域に生息するシャチにとっても大きな影響があって不思議ではない。

　1970年代の終わりに私がシャチの観察をはじめた当初は、「クロゼ諸島のシャチ」といえば先述したように、海岸——諸島のなかでもポゼッション島の海岸があまりに有名だった——近くにシャチが来遊し、バルデス半島のプンタノルテで繰り広げられるように、波打ち際のキングペンギンやミナミゾウアザラシを捕食する行動がイメージされるものだった。

　しかし、沿岸に生息するキングペンギンやミナミゾウアザラシの個体数が減少するにあわせて（同時にそれ以外の海洋環境の変化があったのかもしれないが）、沖合で操業されるマジェランアイナメ漁船のまわりに現れて「獲物を横どりするシャチ」というイメージのほうが強くなっていった。

　マジェランアイナメ（最大体長2.3 m）は、未成魚は水深200 mまでの大陸棚上にすむが、成魚になると水深500〜2000 mもの深場に移る。それを底延縄漁で漁獲するのだが、1本が1〜2 kmのロープに1000本もの釣り針をつけたものを、何本かつないで海底に沈めてしばらく置いたあと、長いロープの端からまきあげることで深海の魚類を漁獲する方法である。じつはアラスカでも同じことが起こっているが、シャチにとっては延縄漁船がロープをまきあげるときを待てば、海面にいるだけで、ふだんは手が届かない深海の豊かな獲物を横どりすることができる。

シャチの調査のために漁船に同乗した研究者たちから直接話を聞き、そのとき撮影した写真を見せてもらったことがあるが、時化る南大洋の山のようなうねりが船を翻弄するなかでの操業で、吹きすさぶ風が飛沫を散らし、盛りあがった波が海面に現れたシャチの体を泡だてる。個体識別の写真を撮影するだけでもたいへんな状況下での、研究者たちの作業に頭が下がった。

　ちなみに南大洋でのマジェランアイナメ漁は、サウスジョージア近海では1988/89年から、クロゼ諸島近海では1996年からはじまっており、クロゼ諸島近海でのシャチによる漁獲物の横どりは、操業がはじまって比較的すぐに見受けられるようになった。ただ、諸島のキングペンギンやミナミゾウアザラシは、それより以前から大きく個体数を減らしはじめており、また1964年に（島の海岸で）はじまっていたシャチ観察の成果から、諸島周辺のシャチの生存率が、カナダ、アラスカ沿岸に生息する健全なシャチ個体群のそれにくらべて低いことは以前から指摘されていた。

　たとえば、すでに個体識別をされている個体がどの程度の割合でふたたび目撃されるかを示す再発見率が、1977年は最大0.94だったのに対して、2002年には最大0.90と低下している。つまりはその間に姿を消したシャチが、より増えていることを示している。また、研究者たちは行動をともにする個体の集まりを「ユニット」と呼んでいるが、1ユニットの平均個体数が、1980年代後半には4.2±1.5頭だったのが、2000年代には3.5±1.4頭になった[15]。

　そんな状況のなかでマジェランアイナメ漁がはじまると、比較的すぐにシャチ（とマッコウクジラ）による漁獲物からの横どり行為がはじまった。それは、マジェランアイナメ漁が1990年にはじまったものの、シャチによる横どりが2004年まで起こらなかったケルゲレン諸島周辺とは対照的といっていい。一方で、いまにいたるまで、漁船からの横どりをすることなく島の海岸でいままでどおり獲物を探すユニットもあれば、横どりにも参加しながら、島の海岸で獲物を探すユニットもある。

　また、底延縄漁がはじまったときには、操業に対していっさいの規制が設けられず、違法操業も頻発、漁船に接近するシャチを漁師たちが銃で撃つことも頻発した。違法操業は2002年に終わり、以降監督官が漁船に同乗し、操業の状態や、シャチやマッコウクジラによる"漁業被害"の状況も、逐次報告されるようになった。

南大洋のマジェランアイナメの底延縄漁船に監督官が同乗するようになった
のには、もうひとつ大きな理由がある。この底延縄漁によって、貴重なアホウ
ドリ類を含む海鳥たちの混獲が頻繁に起こっていたからである。

　針に餌をつけてロープを海に繰りだしていくとき、まだロープが空中や海面
近くにある間に餌を狙うアホウドリやミズナギドリ類が針にかかって、そのま
ま深海まで引きずりこまれる。一時期、これが大きな社会問題になり、海鳥の
混獲を防ぐためのさまざまな方法が考案された。海鳥たちが船のまわりを舞わ
ない夜間に操業したり、重りを重くすることで餌をつけた釣り針が短時間でア
ホウドリやミズナギドリたちの嘴が届かない深みまで沈むようにするといった
方法だが、監督官が漁船に同乗するのは、海鳥の混獲を防ぐための方策を押し
進めるためでもあった。

　さて、クロゼ諸島のシャチの出生率と成獣の生存率は、長きにわたって調べ
られてきたが、興味深いのは、マジェランアイナメ漁がはじまった 1996 年か
ら違法操業が終わった 2002 年までは、漁船から横どりをするグループで極端
に生存率が低下していることだ。漁師に撃たれて死んだ個体がそれなりにいた
からである。一方、横どりをしないグループの生存率も、以前よりもさらに低
くなっている。おそらくは自然下での獲物不足がさらに進んでいるのだろう。

　しかし、2003 年以降になると、横どりをしないグループの生存率はさらに
低下する一方、横どりをするグループの生存率は大きく回復傾向を見せてい
る。つまりは、(ジブラルタル海峡のシャチたちでもそうだったが) 海洋環境
の変化か、人間による餌生物の過収奪が原因かを特定するのはむずかしいが、
いずれにせよシャチたちが自然下にある餌生物だけでは本来の暮らしが営めな
い状況になっているということでもある[15]。

　2003〜12 年の間で、水揚げされたマジェランアイナメは 5054 トンである
のに対して、シャチとマッコウクジラによって横どりされたのは 2589 トン、
うち 75% はシャチによるものと見積もられている。じっさいに底延縄漁がは
じまってから"横どり文化"はより多くのユニットに伝播し、21 ユニット、
70 頭以上、2003〜08 年に行われた別の研究では 11 ユニット、97 頭が横ど
りに関与し、なかでも 4 ユニット、35 頭がそのほとんどの場合に参加してい
たという[16]。

　一方、別の 4 ユニットには横どり行為は広がることはなかった。つまり、

いままでどおり島の沿岸で獲物を狙うシャチたちだが、彼らが危機的な状況にあることはまちがいなく、うち2ユニットは2005年以来、その姿が見られていない。かつては「クロゼ諸島のシャチ」という言葉からイメージされた、沿岸を遊弋しながらミナミゾウアザラシなどを襲う暮らしは、もはや過去のものになったのである。

　ちなみに、クロゼ諸島で漁船からの横どりをするようになったシャチたちは、遺伝学的には南極のタイプAに近いことがわかっており、底延縄漁がはじまる前までは多くは島の海岸でミナミゾウアザラシを狙っていたものらしい。危機的な餌不足が、比較的短期間に彼らのメニューを変えさせたのかどうか、非常に興味深いところでもある。

　漁船からの横どりに、ときにタイプDのシャチが姿を現すことも注目に値する。この謎に満ちたシャチたちの新たな知見は、チリ沖やサウスジョージア近海、クロゼ諸島周辺で行われる底延縄漁船上から得られる可能性は大きい。

＊

　地球上の生物は、利用できる餌資源にあわせて、自分自身の暮らしを規定し、群れや地域個体群の大きさなども決定されてきた。しかし、いまの地球上に起こっている、（おそらくは人間による活動が原因になっている）さまざまな環境変化は、生物たちの進化史のなかで起こってきたものにくらべればあまりに急速なもので、多くの生物（ときに人間自身を含め）がそうした変化に自身をあわせるのがむずかしくなっていることはまちがいない。

　ジブラルタル海峡のシャチもそうだったが、クロゼ諸島周辺のシャチたちも、本来なら自分たちの手が届かなかった新たな獲物を人間の産業活動を介して得ることで、なんとか日々の暮らしを営んでいるといえる[17]。

　“漁業被害”は漁業者にとって大きな問題かもしれない。しかしこの言葉は、自然のなかで人間が利用できるものはすべて人間が占有権をもつということを主張するものでもある。しかし、いま大きく移りゆく地球環境のなかで、人間がほかの生物たちと地球上の資源をどう分けあい、どう共存していくのかについて真摯に考えなければならなくなっている。シャチたちが漁獲物から横どりする獲物については、“Artificial food source”として許容するという考え方も——残念ながら日本では受け入れられないだろうが——出はじめており、クロゼ諸島のシャチたちのこの大問題を鮮烈に提起しているといっていい。

ニュージーランドのシャチ

　ニュージーランドは、世界のなかでも鯨類のストランディングが頻繁に起こっており、また南半球に生息する鯨類についての観察・研究環境が比較的整った場所として、鯨類研究にとってのひとつのホットスポットでもある。最初にタイプDの存在が確認された1955年のストランディングが起こったのも、ニュージーランドである。

　また、南島カイコウラ半島周辺とその南側で深い海底渓谷が湾内に入りこんだグース湾は、マッコウクジラやハラジロカマイルカやマイルカ、ニュージーランドの固有種であるセッパリイルカがほぼ日常的に、またハラジロセミイルカやシャチもときに観察される鯨類観察の拠点でもある。私自身、相当回数カイコウラを訪れて鯨類観察を行い、その過程で何度かシャチも観察している。

　あるときシャチが現れたときに、大集団をつくるハラジロカマイルカの群れが火花を散らすように、派手なジャンプを繰りかえしながら散らばるように逃げる光景も観察した。

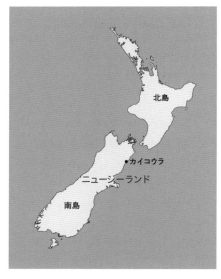

そのとき、シャチはあまりに遠くにいたために、狩りが成功したかどうかはわからないままだったが、カイコウラでじっさいにシャチがハラジロカマイルカを捕食した報告もあり[18]、ニュージーランドの小型鯨類にとってシャチが捕食者であることはまちがいない。

　ちなみにセッパリイルカを含むセッパリイルカ属（マイルカ科）とネズミイルカ科のメンバーは、イルカのなかでホイッスルを発しない。このことについて三重大学の森阪匡通が興味深い仮説を提示している[19]。

　このグループも、進化の歴史のなかではほかのイルカたちと一度はホイッスルを手にしながら、シャチに自分たちの存在を探知されないために、あえてホイッスルを失ったのではないか、という。その代わりに、シャチには聞くこと

ができない高周波に限られたクリックスを発する。

このグループのイルカたちがハラジロカマイルカやマイルカと異なるのは、後者が比較的大きな群れで外海を泳ぎまわることが多いのに対して、小群で沿岸域で暮らすものたちである。ハラジロカマイルカやマイルカは、大きな群れで暮らす"希釈効果"によって、自分自身が襲われる危険を下げているともいえる。一方、セッパリイルカやネズミイルカの仲間は、ひっそりとめだたないことでシャチから襲われる危険を低減させる戦略を選択したものたちだという。

もうひとつ、ニュージーランドをシャチ研究のひとつの拠点にしているのは、精力的な研究者 Ingrid Visser の存在だろう。1955年のタイプＤのストランディングについて、当時の新聞記事から科学の世界の話題としてとりあげたのも彼女だった。ニュージーランド近海のシャチについて数多くの論文を発表している。バルデス半島プンタノルテの PNOR の創設者のひとりでもある。

ただし、ニュージーランドでは定期的かつ高い頻度でシャチが観察できる特定の場所がないために、きまってシャチウォッチングができる場所は知られていない。個人的に聞いたことだが、Visser らは漁師やドルフィンウォッチング、ホエールウォッチング業者などからシャチ目撃の知らせをうけると、ボートをトレーラーで近くまで運ぶという調査方法をとっているという。

こうしてわかってきたのは、ニュージーランド近海のシャチが見せる多彩な捕食方法と対象である。先述のように、沿岸のイルカを捕食対象とするものたちもいれば、サメを捕食対象にするものも知られている[20,21,22]（ただし同じ個体が、イルカもサメも、あるいはほかの魚類もあわせて捕食するかは確認されていない）。

サメを襲うにあたっては、直接歯を使うのではなく、最初は尾びれで強くサメの体を叩きつけることで弱らせるという。大きなサメなら、襲うほうもけっして安全とはいえず、自分の目など大事な器官が集中する頭部を、まだ元気なサメに近づけないですむ方法だろうと推測する。そして、サメの体すべてを食べることはほとんどなく、その場合でも肝臓は必ず狙う部位だ。

北太平洋のオフショアのシャチもそうだが、近年世界の各地でシャチがサメを襲う観察例が増えている。おそらくはより多くの人びとが観察するようになり、観察機会、観察努力が増えたからだろうが、これまで考えられてきた以上に、サメはシャチの主要な獲物になっているようだ。

また、ニュージーランドでもシャチによる漁具からの横どりも知られている[23]。漁法も底延縄漁だが、船にまきあげられるときにシャチが選択的に横どりをするのが、体長2mほどのドチザメ科のイコクエイラクブカ（とブルーノーズ＝体長1.4mほどのイボダイ科）で、漁としても多いイシナギ科のアルゼンチンオオハタには手をつけないという。

　ちなみにイコクエイラクブカは、古くから漁業の対象になり、1950〜80年代にかけてより集中的に漁獲されて、資源の減少が懸念されてきた。一方で、シャチによる漁船からの横どりが1984年まではいっさい報告されていなかったことを考えれば、この魚種がシャチの日常的な獲物ではなく、シャチがこの採餌方法を学ぶのに時間がかかっただけか、あるいは人間による獲りすぎによって自然の獲物が大きく減少しているからかは大いに気になるところである。

　もうひとつニュージーランドのシャチが見せる興味深い行動は —— これもVisserによって明らかにされたことだが —— サメと同じ板鰓類であるエイを、海底から探しだして捕食するというものである[24]。

　対象は浅海に生息するトビエイやホシエイ、アカエイなどで、ほとんどの場合、水深10mに満たない場所で、シャチは頭部を海底の砂や泥のなかに差し入れる格好で、獲物の（ときに体長2mにも達する）エイをくわえとる。そのため、浮上したシャチの頭部（ときには噴気孔あたりまで）が泥におおわれていることもあるという。さらには浅瀬で逃げるエイを追うときには、シャチが潟のうえに体を乗りあげることもあるらしい。

　アメリカ、サウスカロライナ州の潮汐水路では、ハンドウイルカが逃げるボラを潟の上に追いあげ、自身も潟に乗りあげて捕食する行動が知られている。バルデス半島プンタノルテの狩りもそうだが、鯨類が自身も浜や潟に乗りあげる格好で行われる捕食方法はストランド・フィーディング（Strand Feeding）と総称される。潟なり浜なりを、獲物がそれ以上逃げることができない障壁として利用する方法でもあり、シャチやイルカによって世界の各地で平行して編みだされてきたのだろう。

　このエイを狙った狩りで興味深いのは、獲物が複数のシャチによって分けられることである。平たく大きいエイを食べようとすれば、複数のシャチがくわえることで引き裂くのが便利な方法だからだろうか。同時に、近くに存在する個体が血縁関係があるものとすれば、（自分の遺伝子を共有する近親者の生存

を利するという) 別の視点からも合理的な行動ともいえるかもしれない。

　アカエイなどが尾にもつ毒針は、ときにシャチにとって厄介なもので、喉にアカエイの針が刺さって死んだシャチが確認されている[25]。同様の事例は、アメリカ、サウスカロライナ州のハンドウイルカでも確認されている[26]。

　ちなみにニュージーランド周辺のシャチについては、以前 Visser による1992年以来の調査から、おもに小型鯨類を捕食するもの、おもにエイを捕食するもの、より広い捕食対象をもつものといった、いくつかの亜集団があると考えられている[27]。

オーストラリア、ブレマー海底渓谷海域のシャチ

　ニュージーランドの隣国オーストラリアも、とくに西オーストラリア州南部の港町アルバニーから南西へ、およそ50 km沖に位置するブレマー海底渓谷海域を中心に、近年シャチ研究の新たな拠点になっている。

　オーストラリア大陸南西沖の陸棚の外側は、水深4500 mに達する世界でももっとも大規模な海底渓谷が連なる場所として知られるが、そのひとつがブレマー海底渓谷である。この海底渓谷群は大陸棚が深海に向けて急速に落ちこんでいく斜面にあり、そのことが湧昇流を生じやすい状況を提供している。

　その海域には、オーストラリア大陸西岸を南に流れたあと南岸で東に流れるルーウィン海流があり、その深層でフリンダース海流が逆向きに流れている。さらに南極海からの深層流が海底渓谷にぶつかってできる湧昇流が、海全体をかきまぜて豊かな海洋生態系をつくりだし、かつてはマッコウクジラ漁がさかんに行われてきた場所でもある[28]。この海域に晩夏から秋にあたる2～4月、シャチが集まることが、2000年代初期に知られるようになった[29,30]。

　ここにシャチが集まるのは、生物生産がより豊かに

なる季節であり、その時期アカボウクジラ科の鯨類やシロナガスクジラも集まり、彼らを捕食の対象としてシャチが集まることが多くの観察からわかってきた。興味深いのは、衛星によって得られた海中のクロロフィル量（植物プランクトンによるもので、生物生産の豊かさの指標になる）の多い海域において、シャチの出現率が高いことである[31]。

このブレマー海域で、シャチを対象にウォッチング・クルーズが催されるようになったのは、2014 年のことだ。世界の各地で、観察場所が相当に沖にあって、研究者たちが自身で使う小さなボートでのアクセスがむずかしい場合、乗客を乗せる観光船が研究者たちにとっての観察や研究のプラットフォームの役割を果たすことが少なくない。

以来、シャチについての新たな知見が、ブレマー海底渓谷海域からつぎつぎに発信されてきた。この海域でシャチの獲物になっているアカボウクジラやヒモハクジラなどアカボウクジラ科の鯨類は、世界の多くの場所で直接の観察がむずかしい種であり、さらに彼らを含めた鯨類をシャチが捕食する場面がしばしば観察されることで、世界のシャチ研究に新たな地平を拓くものになった。

この海で研究をつづける Wellard らの報告[32]では、狩りに参加するのは雌の成獣や雌雄ともに未成獣で、雄の成獣があまり関与しないようだ。じつは同様の事例は、別の機会にもたびたび報告されており[33,34,35]、第 2 章で紹介したアラスカのトランジェントがイシイルカを襲ったときの私自身の複数回にわたる観察でも、大きな雄はつねに狩りのさまを近くで"見守って"いた。また、いくつかの報告や私自身の観察でも、近くにいる大きな雄のシャチが豪快なブリーチングを見せると、ほかのシャチが動きを速めて狩りがはじまったことは、興味深い共通点である。

ブレマー海域でのシャチによる狩りについては、一部のポッドが獲物の鯨類を追いはじめると、それまで姿を見せなかった別のポッドが合流して狩りに加わる例が見られることも確認されている[36]。

ニンガルーリーフで

オーストラリアで、もうひとつ（決まった季節に）シャチが頻繁に見られる場所として、オーストラリア北西部のニンガルーリーフが注目されはじめている。美しいサンゴ礁が広がり、サンゴの放卵の時期にはジンベエザメが集まる

ことでも知られる海域である。

　ちなみにニンガルーリーフは、ザトウクジラの回遊のルートにあたっている。夏期を中心に南極海で採餌を行い、冬期から春先にかけてオーストラリア北部キンバリー海岸で出産、子育てを行うザトウクジラたちが行き帰りに休息する海域として、6〜10月にわたって観察できるが、シャチはとりわけ生まれてまもない子クジラを狙って二十数頭が7〜8月に頻繁に姿を現すという。

　第3章で紹介したように、アラスカ、ウニマック水路では回遊中のコククジラの多くの子クジラがシャチに襲われるが (p.77)、そのときの子クジラはカリフォルニア半島沿岸に散在する繁殖のための入江からは8000〜9000kmも離れており、生まれてから2〜3か月はたっている。しかし、ニンガルーリーフで観察されるザトウクジラの子クジラは、わずか数百km離れたキンバリー地方沿岸で生まれたもので、シャチたちにとっては（母親の抵抗はあるとはいえ）、より幼いクジラは狙いやすい獲物になるのだろう。

　1960年以降、ニンガルーリーフでシャチが観察されることはほとんどなかったというが、2000年をすぎたころから少しずつ見られるようになり、2005年あたりから個体数も増えはじめた[37]。ザトウクジラは、ほかの大型ヒゲクジラ類と同様、かつての過酷な捕鯨で個体数を激減し、オーストラリア西岸に回遊するザトウクジラに限っていえば、1960年ごろには500〜600頭にまでに減ったと考えられている。それが、2014年のIWCの報告では2万頭（もっとも多い推定では3万頭を超えている）にまで回復したと考えられている（この系群はIWCによってザトウクジラのD系群として扱われるが、本種の系群のなかでは最大の個体数をもつ[38]）。

　ニンガルーリーフにシャチが見られるようになったのは、オーストラリア大陸の西岸を繁殖のために回遊するザトウクジラの個体数が増えてきたことと関係していることはまちがいない。ちなみに昨今のザトウクジラの個体数の増え方や、ザトウクジラとシャチの繁殖年齢（前者が4〜5歳、後者が11〜12歳）や繁殖率（前者が平均11.8％／年であるのに対し、後者は健全な個体群で3.5％／年）の違い、さらには被食者と捕食者の増減にある程度のタイムラグが必然的にあることを考えれば、今後ニンガルーリーフを中心に西オーストラリア沿岸に姿を見せるシャチは徐々に増えていく可能性が高いだろう。

　いずれの大型鯨にも共通して、シャチに子クジラを襲われるのを避ける方法

143

は、浅瀬に逃げこむことである。西オーストラリア沿岸を北方へ（繁殖海域に向けて）回遊するクジラたちは比較的沖合を通過するのに対して、南方へ（子クジラを連れて採餌海域へ）回遊するクジラたちがきわめて沿岸に近いところを通るのは、シャチに遭遇したときに子クジラを守りやすいからだろう[39]。

そしてもうひとつ、ザトウクジラの繁殖期には、母子について泳ぐ「エスコート」と呼ばれる雄クジラの存在が知られている。一般的には、母親が発情期を迎えたときに交尾の機会をうかがう雄と考えられているが、ここニンガルーリーフでは、母子のクジラがシャチに追われたときに、母子を守る行動をとることも観察されている[40]。

こうしてオーストラリアには、季節的にシャチが集中する２か所（ブレマー海底渓谷海域とニンガルーリーフ）が知られるようになったが、それぞれの海域のシャチと、隣国ニュージーランドに周年生息するシャチ個体群について、遺伝的な違いが調べられた[41]。

結局、この３個体群は遺伝的にほぼ独立した存在で、個体識別調査によって異なる海域で同じ個体が目撃されないこともそれを支持している。ブレマー海底渓谷海域に集まるシャチたちは、遺伝的には南極海のタイプＡに近く、ニンガルーリーフに集まるシャチたちは、パプアニューギニアなど熱帯域で見られるシャチたちに近いとされる。ただし、オーストラリアの２海域で見られるシャチたちは、季節的にそれぞれの海域に集まるもので、それ以外の季節の暮らし方の解明が待たれるところだ。

オーストラリアもニュージーランドも、その南方では南大洋、さらには南極海につながっている。そのために、ふだんは南極海に生息するシャチが、オーストラリアやニュージーランド近海で目撃されこともある[42,43]。じつは私たちが知らないだけで、そのあたりまでが彼らの日常的な行動圏に含まれているのか、p. 96で紹介したように、ときおり暖海へ回遊することで皮膚の代謝を促すためかは、非常に興味のあるところだ。

南極海のタイプＢやタイプＣ（ましてやタイプＤ）は見かけがきわめて特徴的であるために、出現すれば注目を浴びるが、タイプＡならその見かけから見すごされる可能性も少なくないだろう。こうした報告以上に、南極海のシャチたちが中緯度海域まで回遊することがあるのかもしれない。

サメを襲う南アフリカのシャチ

　南アフリカをとりまく海が、シャチ研究者やシャチ愛好家の注目を浴びるようになったのは、いくつかのできごとが関わっている。

　ひとつは、次章で詳述するが、2014 年に Moura らが世界に生息するシャチの遺伝子解析を行い、世界のシャチがもつ遺伝的な多様性がきわめて低い（おそらくは氷期に個体数を激減させたことによる）なかで、南アフリカ沿岸に生息するシャチだけで、世界中のシャチがもつ多様性に匹敵するほどの多様性を保っていることを明らかにしたことである。

　南アフリカ南岸は、インド洋から西方に向かって流れるアガラス海流があり、さらには南方から流れて南アフリカ西岸を北上するベンゲラ海流が流れて、世界でも有数の豊かな海洋生態系をつくっている。ケープペンギンや、広大なコロニーを形成するミナミアフリカオットセイも、この海の豊かさのなかで生きており、さらにはホホジロザメを含む海洋生態系の上位に位置するサメ類が多い海としても世界的に知られている。

　南アフリカ沿岸は、アルゼンチン、バルデス半島と同様にミナミセミクジラの繁殖海域にもなっている。そのため私は、彼らの繁殖期にあわせて二度、軽飛行機で南アフリカ南岸の海岸線に沿って飛行し、目視調査を行った。砕波帯に近いきわめて浅い場所にミナミセミクジラの小さな子連れのクジラが多く確認されたのは、潜在的なシャチの危険を避けるためかと思われたが、それ以上に、ホホジロザメを含む比較的大きなサメの影を、数多く確認している。

　いずれにせよ、Moura が提示したように地球上のシャチが大きく数を減らした時代、南アフリカをとりまく海では一定の数のシャチたちが、豊かさを保ちつづけていた海で暮らしつづけていたのである。あるいは第 3 章で紹介したように、アリューシャン列島が氷期における北太平洋のシャチたちの避難場

所になったように、南アフリカ南部海域もまた、最終氷期極大期におけるシャチたちの避難場所になっていた可能性は高い[41]。

　もうひとつは、この論文が出る前だが、南アフリカの鯨類学の大家Peter Bestらにより、南アフリカのシャチに関して、その食性や生態型についてのくわしい報告が何編かの論文になって発表されたことだ。

　2010年に発表された報告[44]は——もともと南アフリカのシャチは南極海のタイプAに近いと考えられていた——1963年から2000年までに得られた（かつての捕鯨や座礁などによって直接調べられた54個体を含む）知見がもとになっている。そして、じっさいに調べることができた胃内容物には、海生哺乳類が84.6%、魚類23.1%、イカ3.8%、海鳥3.8%が含まれていた。

　胃のなかから見つかった海生哺乳類としては、鰭脚類は1種（ミナミゾウアザラシ）で、あとは小型鯨類だったという。ちなみにミナミゾウアザラシが繁殖する南アフリカからもっとも近い島はクロゼ諸島で、2500 km離れている。もちろんクロゼ諸島から北方へ採餌に出かけるミナミゾウアザラシもいるだろうが、いずれにしても南アフリカのシャチ（の少なくとも一部）は、相当に広い範囲を泳ぎまわっていることを示している。

　また、胃内容物に海生哺乳類と魚類の残渣が同時に含まれていた例もあるという。ただ、この個体が日常的に海生哺乳類と魚類をあわせて捕食していたと結論づけるのは早計だろう。かつてミナミゾウアザラシを中心に狙っていたクロゼ諸島のシャチが、沖合での底延縄漁がはじまって、そこでの横どりが楽であることがわかればおもにそれを狙うようになった例もある。南アフリカ沖でも、延縄漁からのシャチによる横どりは報告されている。

　もうひとつの興味深い事実は、座礁した1頭の雄が比較的小型であり、歯が極端に摩耗していることがわかったことである。この特徴は、北太平洋のオフショアのそれと共通して、魚類とりわけサメを中心に食べていることを想像させる。とすれば、南アフリカをとりまく海に、（タイプAに近いとされる）海生哺乳類を中心に襲うシャチたちとは異なる暮らしを営むシャチが存在するのか。この論文は、ここで終わっているが、Bestらは2014年に発表した論文[45]で、さらにその点について議論を深めている。

　上記の話題を提供したシャチは、1969年に座礁した体長6.1 mの雄だが、それ以降も南アフリカで歯が極端に摩耗した個体が確認されるようになった。

1977年に座礁した6.05 mの雄であり、2020年に座礁した体長4.78 mの雌である。いずれも、比較的小型であることが注目される。

さらに3頭目の雌の胃内容物が調べられたところ、ヨシキリザメのものを含むサメ類の多くの脊椎骨と、一部硬骨魚類の残渣も含まれていた。こうして、Bestらは南アフリカの海に、ほぼ確実にいままで知られていなかった暮らしをする（論文ではecotype＝生態型ではなく、morphotype＝形態型としている）シャチが存在することを確信するにいたっている。

近年、南アフリカのシャチが沿岸に来遊するホホジロザメを含むサメを集中的に襲い、ある海域の海洋生態系さえ変えてしまうほどの頻度になりはじめている。さらに、このシャチたちが、サメの肝臓だけを狙っていることが、よりセンセーショナルに報道されたことが、いっそう多くの人びとの興味をかきたてることになった。

シャチによるサメの捕食について調査したTownerによれば、このできごとは、2015年にある2頭の雄のシャチが、南アフリカ南岸にあるフォールス湾に姿を見せたときにはじまったという。最初の兆候は、肝臓だけが失われたエビスザメの死体が海岸に打ちあげられたことだった。2017年に入ると付近の海岸につぎつぎにホホジロザメの死体が打ちあげられるようになる。と同時に、2頭の雄シャチが姿を見せた2015年から、ホホジロザメの目撃例が極端に下がっていたという。

この2頭の雄のシャチが、Bestらが報告した"2番目の型"のシャチに該当するものかは定かではない。ただ、打ちあげられたサメの死体の肝臓だけが食べられていることと、このときの雄シャチは2頭とも背びれが折れ曲がっていたことが、さらに物語を謎めいたものにした[46]。

襲われたサメは、腹部が巧みに切り裂かれているだけで、胸びれを除いて体のほかの部分にシャチの歯型や傷が見当たらないという。おそらくは、シャチは強い体当たりによってサメの動きを奪うのだろう。また、ホホジロザメ以外ではエビスザメが襲われていることや、シャチに追われたサメが、そのまま海岸に乗りあげて、シャチに襲われた形跡がないままに打ちあげられている例があることなどは、p. 127で紹介したアルゼンチン、バルデス半島で見られた状況とも共通するものである。

南アフリカ沿岸には、ホホジロザメが集まるいくつかの海域が知られている

が、2頭の雄シャチが姿を見せるようになると（たいていは数か月にわたって滞在する）、ホホジロザメが沿岸から姿を消し、シャチがいなくなるとホホジロザメが戻ってくることが繰りかえされるようになった。そしてホホジロザメが姿を消すと、それまではあまり姿を見せなかったクロヘリメジロザメが頻繁に姿を見せるようになった（後には、クロヘリメジロザメの死体も打ちあげられるようになったという）。

いずれにしても、ふだんなら海の生態系の頂点に位置するホホジロザメが激減すれば、沿岸の海洋生態系はなんらかの変化を受けるだろう。クロヘリメジロザメの増加もそのひとつだが、それ以上に沿岸に大きな（3万2000頭ともいわれる）コロニーをつくり、ふだんはホホジロザメの捕食の対象になっているミナミアフリカオットセイをとりまく状況も大きく変わるだろう[47]。

じつは似た事例が以前、アメリカ、カリフォルニア沿岸でも起こっていた。カリフォルニア北部に位置するファラロン諸島周辺では、北からのカリフォルニア海流と、付近で豊富に発生する湧昇流が、豊かな海洋生態系を支えている。とりまく海には多種の鯨類が集まるし、キタゾウアザラシが繁殖する。同時に、豊かな獲物を求めてホホジロザメが多く遊弋する海でもあり、キタゾウアザラシはその捕食の対象になってきた。

しかし、ときおりシャチがファラロン諸島付近に来遊すると、ホホジロザメが姿を消すことで（この海でもシャチがホホジロザメを襲った例も観察されている）、キタゾウアザラシへの捕食圧が大きく軽減されるようになることが報告されている。

ここで興味深いのは、ファラロン諸島周辺に姿を見せるシャチには、トランジェント（海生哺乳類食）とオフショア（サメを中心に魚類食）がいることだ。ファラロン諸島周辺に現れるのがトランジェントであれば、キタゾウアザラシも捕食の対象であり、ホホジロザメとは食物をめぐった競合者になる。それでもホホジロザメはこの競合者としては強敵であるシャチを避けて、ファラロン諸島周辺を離れるらしい。一方、トランジェントによるキタゾウアザラシの捕食は、（ほかにいる多くの小型鯨類も襲うために）ホホジロザメのそれにくらべればはるかに少ない。

現れるのがオフショアであれば、ホホジロザメにとっては直接の捕食者であり、キタゾウアザラシにとっては厄介な敵を追い払ってくれる"守護者"にな

る。こうして、いずれにしてもシャチの出現が、キタゾウアザラシを含む鰭脚類に対するサメによる捕食圧を軽減することになっているという[48]。

　さて、いま南アフリカ沿岸で起こっているホホジロザメの個体数の減少については、漁業や水温をはじめとする環境変動による影響も懸念されるが、シャチによる捕食もまた大きな一因であることはほぼまちがいなさそうだ。そして、この高位捕食者の減少が海洋生態系にどんな変化をもたらすかが、注意をもって継続観察されているところである。

　さらに物語は、この2頭の雄シャチだけで終わらなかった。2022年にはシャチがホホジロザメを襲う光景が、ドローンおよびヘリコプターによって空から観察、記録されたが、そのときサメを襲っていたのは、これまでの2頭の雄シャチだけではなかった[49]。本書では、環境や獲物にあわせて一部のシャチが巧みに編みだした捕食や狩りの方法を、地域個体群のメンバーが学んでいく例を見てきたが、ここではサメにとっては厄介な"文化"が、南アフリカ沿岸のシャチの間に広まりはじめている。

［1］Moura, A. E., Van Rensburg, C. J., Pilot, M., Tehrani, A., Best, P. B., Thornton, M., Plon, S., De Bruyn, P. J. N., Worley, K. C., Gibbs, R. A., Gahlmeim, M. E. & Hoelzel, A. R. 2014. Killer whale nuclear genome and mtDNA reveal widespread population bottleneck during the Last Glacial Maximum. Molecular Biology and Evolution 31: 1121-1131.

［2］アンドレ・モウラ．2019.「遺伝子研究からみたシャチの多様性と進化」(『世界で一番美しい　シャチ図鑑』誠文堂新光社)

［3］Lopez, J. C. & Lopez, D. 1985. Killer whales (*Orcinus orca*) of Patagonia, and their behavior of intentional stranding while hunting nearshore. Journal of Mammalogy 66(1): 181-183.

［4］Hoelzel, A. R. 1991. Killer whale predation on marine mammals at Punta Norte, Argentina: Food sharing, provisioning and foraging strategy. Behavioral Ecology and Sociobiology 29: 197-204.

［5］Iñiguez, M. A. 2001. Seasonal distribution of killer whales (*Orcinus orca*) in Northern Patagonia, Argentina. Aquatic Mammals 27(2): 154-161.

［6］Reyes, L, M. & García-Borboroglu, P. 2004. Killer whale *Orcinus orca* predation on sharks in Patagonia, Argentina: A first report. Aquatic Mammals 30(3): 376-379.

［7］Gaffet, M. L., Bellazzi, G. & Coscarella, M. 2015. Technique used by killer whales (*Orcinus orca*) when hunting for dolphins in Patagonia, Argentina. Aquatic Mammals 41(2): 192-197.

［8］Sironi, M., Lopez, J. C., Bubas, R., Carribero, A., García, C., Harris, G., Intrien, E., Iñiguez, M. & Payne, R. 2008. Predation by killer whales (*Orcinus orca*) on southern right whales (*Eubalaena australis*) off Patagonia, Argentina: Effects on behavior and habitat choice. Journal of Cetacean Research and Management: SC/60/BRG29.

［9］Corkeron, P. J. & Connor, R. C. 1999. Why do baleen whales migrate? Marine Mammal Science 15: 1228-1245.

［10］Connor, R. C. & Corkeron, P. J. 2001. Predation past and present. Marine Mammal Science 17: 436-439.

［11］Clapham, R. J. 2001. Why do baleen whales migrate? A response to Corkeron and Connor. Marine Mammal Science 17: 432-436.

［12］Bohec, C. L., Durant, J. M., Gauthier-Clerc, M. & Maho, Y. L. 2008. King penguin population threatened by Southern Ocean warming. PNAS 105(7): 2493-2497.

［13］Weimerskirch, H., Bouard, F. L., Ryan, P. G. & Bost, C. A. 2018. Massive decline of the world's largest king penguin colony at Ile aux Cochons, Crozet. Antarctic Science 30(4): 236-242.

［14］Laborie, J., Authier, M., Chaigne, A., Delord, K., Weimerskirch, H. & Cuinet, C. 2023. Estimation of total population size of southern elephant seals (*Mirounga leonina*) on Kerguelen and Crozet Archipelagos using very high-resolution satellite imagery. Frontiers in Marine Science 10. DOI:10.3389/fmars.2023.1149100

［15］Guinet, C., Tixier, P., Gasco, N. & Duhamel, G. 2014. Long-term studies of Crozet Island killer whales are fundamental to understanding the economic and demographic consequences of their depredation behavior on Patagonian toothfish fishery. ICES Journal of Marine Science 72(5): 1587-1597.

［16］Tixier, P., Gasco, N., Duhamel, G., Viviant, M., Authier, M. & Guinet, C. 2010. Interactions of Patagonian toothfish fisheries with killer and sperm whales in the Crozet Islands exclusive economic zone: An assessment of depredation levels and insights on possible mitigation strategies. CCAMLR Science 17: 179-195.

［17］Tixier, P., Authier, M., Gasco, N. & Guinet, C. 2015. Influence of artificial food provisioning from fisheries on killer whale reproductive output. Animal Conservation 18: 207-218.

［18］Visser, I. N. 1998. Killer whales (*Orcinus orca*) predation on dusky dolphins (*Lagenorhynchus obscurus*) in Kaikoura, New Zealand. Marine Mammal Science 14(2): 324-330.

［19］森阪匡通. 2023. 「シャチと鳴音を失ったイルカたちとの関係」(『シャチ生態ビジュアル百科　第2版』誠文堂新光社)

［20］Visser, I. N., Bergen, J., Meurs, R. V. & Fertl, D. 2000. Killer whale (*Orcinus orca*) predation on a shortfin mako shark (*Isurus oxyrinchus*) in New Zealand waters. Aquatic Mammals 26(3): 229-231.

［21］Visser, I. N. 2005. First observations of feeding on thresher (*Alopias vulpinus*) and hammerhead (*Sphyrna zygaena*) sharks by killer whales (*Orcinus orca*) which specialise on elasmobranchs as prey. Aquatic Mammals 31(1): 83-88.

［22］Ferti, D., Acevendo-Gutiénez, A. & Darby, F. L. 1996. A Report of killer whales (*Orcinus orca*) feeding on a Carcharhinid shark in Costa Rica. Marine Mammal Science 12(4): 606-611.

［23］Visser, I. N. 2000. Killer whale (*Orcinus orca*) interactions with longline fisheries in New Zealand waters. Aquatic Mammals 26(3): 241-252.

［24］Visser, I. N. 1999. Benthic foraging of stingrays by killer whales (*Orcinus orca*) in New Zealand waters. Marine Mammal Science 15(1): 220-227.

［25］Duignan, P. J., Hunter, J. E. B., Visser, I. N., Jones, G. W. & Nutman, A. 2000. Stingray spines: A potential cause of killer whale mortality in New Zealand. Aquatic Mammals 20(2): 143-147.

［26］McFee, W., Root, H., Friedman, R. & Zolman, E. 1997. A stingray spine in the scapula of bottlenose dolphin. Journal of Wildlife Diseases 33: 921-924.

［27］Visser, I. N. 2000. Killer whales (*Orcinus orca*) in New Zealand waters: Status and distribution with comments on foraging. Paper SC/59/SM19 presented to the Scientific Committee of the International Whaling Commission, Anchorage, Alaska, USA.

［28］ Johnson, C. M., Bockley, L. E., Kobryn, H., Johnson, G. E., Kerr, I. & Payne, R. 2016. Crowd-sourcing modern and historical data identifies sperm whale (*Physeter macrocephalus*) habitat off-shore of South-Western Australia. Frontier in Marine Science 3 : DOI:10.3389/fmars.2016.00167

［29］ Jones, A., Bruce, E., Davis, K., Blewitt, M. & Sheehan, S. 2019. Assessing potential influences on killer whale (*Orcinus orca*) distribution patterns in the Bremer Canyon, south-west Australia. The Australian Geographer 50(3): 381-405.

［30］ デイブ・リッグス. 2023.「オーストラリア，ブレマー海底渓谷海域でシャチを発見する」(『シャチ生態ビジュアル百科 第2版』誠文堂新光社)

［31］ Kent, C. S., Bouchet, P., Wellard, R., Parrum, I., Fouda, L. & Erbe, C. 2020. Seasonal productivity drives aggregations of killer whales and other cetaceans over submarine canyon of the Bremmer Sub-Basin, south-western Australia. Australian Mammalogy 43(2): 168-178.

［32］ Wellard, R., Lightbody, K., Fouda, L., Blewitt, M., Riggs, D. & Erbe. C. 2016. Killer whale (*Orcinus orca*) predation on beaked whales (*Mesoplodon* spp.) in the Bremer Sub-Basin, Western Australia. PLoS One 11(12), e0166670. Doi:10.1371/journal pone.0166670

［33］ Visser, I. N., Zaeschmar, J., Halliday, J., Abraham, A., Ball, P. *et al.* 2010. First record of predation on false killer whale (*Pseudorca crassidens*) by killer whales (*Orcinus orca*). Aquatic Mammals 36 : 195-204.

［34］ Arnbom, T., Papastvrou, V., Weilgart, L. S. & Whitehead, H. 1987. Sperm whales react to an attack by killer whales. Journal of Mammalogy 68(2): 450-453.

［35］ Pitman, R. L., Ballane, L. T., Mesnick, S. I. & Chivers, S. J. 2001. Killer whale predation on sperm whales : Observations and implications. Marine Mammal Science 17 : 494-507.

［36］ 吉田真智. 2019「オーストラリア，ブレマー海底渓谷海域のシャチ」(『世界で一番美しい シャチ図鑑』誠文堂新光社)

［37］ https://www.abc.net.au/local/photos/2014/10/24/4113841.html

［38］ IWC. 2014. Report of the Scientific Committee. IWC/65/Rep01 : 30-32.

［39］ Pitman, R. L., Totterdell, J. A., Fearnbach, H., Balance, L. T. & Durban, J. W. 2015. Whale killers : Prevalence and ecological implications of killer whale predation on humpback whale calves off Western Australia. Marine Mammal Science 31(2): 629-657.

［40］ Jenner, K. C. S., Jenner, M. M. & McCrabe, K. A. 2001. Geographical and temporal movements of humpback whales in Western Australian waters. APPEA Journal 2001 : 749-765.

［41］ Reeves, I. M., Totterdell, J. A., Barceló, A., Sandoval-Castillo, J., Batley, K. C., Stockin, K. A., Betty, E. L., Donnelly, D. M., Wellard, R., Beheregaray, L. B. & Möller, L. M. 2021. Population genomic structure of killer whales (*Orcinus orca*) in Australian and New Zealand water. Marine Mammal Science 2021 : 1-24.

［42］ Visser, I. N. 1999. Antarctic orca in New Zealand waters? New Zealand Journal of Marine and Freshwater Research 33 : 515-520.

［43］ Donnelly, D. M., McInnes, J. D., Jenner, K. C. S., Jenner M. M. & Morrice, M. 2021. The first records of antarctic type B and C killer whales (*Orcinus orca*) in Australian coastal waters. Aquatic Mammals 47(3): 292-302.

［44］ Best, P. B. & Meÿer, M. A. 2010. Killer whales in South African waters : A review of their biology. African Journal of Marine Science 32(2): 171-186.

［45］ Best, P. B., Meÿer, M. A., Thomton, M., Kotze, P. G. H., Seakamela, S. M., Hofmeyr, G. J. G., Wintner, S., Wetland, C. D. & Steinke, D. 2014. Confirmation of the occurrence of a second killer whale morphotype in South African waters. African Journal of Marine Science 36(2): 215-224.

[46] アリソン・タウナー. 2023.「ホホジロザメを襲う南アフリカのシャチ」(『シャチ生態ビジュアル百科 第2版』誠文堂新光社)

[47] Towner, A., Watson, R., Kock, A. A., Papastamatiou, Y. P., Sturup, M. & Gennari, E. 2022. Fear at the top: Killer whale predation drives white shark absence at South Africa's largest aggregation site. African Journal of Marine Science 44(2): 139–152.

[48] Jorgensen, S. J., Anderson, S., Ferretti, F., Tietz, J. R., Chapple, T., Kanive, P., Bradley, R. W., Moxley, J. H. & Block, B. A. 2019. Killer whales redistribute white shark foraging pressure on seals. Scientific Reports 9. Article 6153.

[49] Towner, A. V., Kock, A. A., Stopforth, C., Hurwitz, D. & Elwen, S. H. 2023. Direct observation of killer whales predating on white sharks and evidence of a flight response. Ecology 104(1): e3875.

|第6章|

世界のシャチがたどった道、そして日本へ

世界のシャチの遺伝的な多様性が乏しいこと

　シャチは北極海の氷の間から熱帯域まで、さらには南極海まで、鯨類のなかでもっとも広い分布域をもっている。世界各地の海でシャチが観察され、それぞれの生態が明らかになってきた1990年代以降は、彼らの遺伝子が解析されることで世界のシャチがどう枝分かれし、それぞれの場所でいまの暮らしをするようになったのかを調べるのが、シャチ研究の大きな柱になってきた。

　こうした研究は、当然のことながら野生のシャチ研究が最初にスタートしたカナダ太平洋岸に生息するレジデントやトランジェントを対象にはじまった。

　第2章で紹介した、南部レジデント、北部レジデント、トランジェントおよびオフショアは、それぞれが繁殖のうえで隔離されており完全に独立した個体群であること、さらにはトランジェントがもっとも遺伝的に離れている（より古い時代に、別々に暮らすようになった）とする1991年および1998年のHoelzelらの報告[1,2]は、その嚆矢といえるものである。

　さらに、生態、行動観察から導きだされた南部および北部レジデント、およびアラスカのレジデント、一方では西海岸トランジェントとアラスカ湾トランジェントおよびAT1トランジェント、それにオフショアに分類される東部北太平洋に生息するシャチたちの、さらには世界各地で異なった暮らしをするシャチたちの保護・保全を目的に、それぞれの個体群間の遺伝的な関係を知るという視点は、この分野での研究において必須のものになっている。

　この1998年の報告以来、少なくともよく調べられてきた東部北太平洋に分布するシャチにおいて、遺伝的な多様性がきわめて乏しいことが注目されるようになっていた。たとえば、アメリカのワシントン州、カナダのブリティッシュ・コロンビア州沿岸から北へ、アラスカ沿岸、アリューシャン列島を越えて

153

カムチャッカ半島沿岸まで、北部北太平洋に広く生息するレジデントのシャチについていえば、ミトコンドリア DNA の D ループ領域の遺伝子配列には——この領域は塩基置換（コピーミス）がより頻繁に起こることで知られているにもかかわらず——わずか 1 か所の塩基置換が認められる 3 つの型しか見つかっていない。きわめて大雑把ないい方をすれば、同様に世界の海洋に広く分布するハンドウイルカなどとくらべて、その変異の幅は 10 分の 1 程度にとどまっている。

　その理由について、Hoelzel らは以降の論文で詳細に論じているが、最後の氷期に、世界中の多くの場所でシャチが個体数を極端に減らす“遺伝的ボトルネック”と呼ばれるできごとがあったことと大きく関わっているとする[3]。

　そしてもうひとつ、一部のハクジラ類の遺伝的な多様性の乏しさを考えるにあたって、1990 年代の終わりごろからひとつの考え方が一般的になりはじめていた。それは“文化的ヒッチハイク”仮説と呼ばれるもので、そもそもは人類が狩猟採集民として世界に拡散していく過程を考察するうえで提起されていた考え方である。

　すなわち、人類が小集団に分かれて世界の各地に分布を広げていくとき、各小集団はそれぞれ独自の遺伝子上の変異を積み重ねながらいまにつながっているが、その過程で起こってきた遺伝子の変異の積み重ねは、社会のあり方や暮らし方など文化によっても（つまりは文化のあり方にヒッチハイクする形で）影響を受けてきたとする考え方である。たがいに交流が少ない小集団に分かれて暮らすとき、それぞれの小群のなかで編みだされた新たな暮らし方（文化的な要素）と同じ遺伝子型をもつグループは、その集団のなかで勢力を拡大しながら、一方でほかの小群との差異を強めることで、たがいの行き来はより阻害される。こうして全体の遺伝的な多様性が低くなるとするものである。

　この考え方は、後に人類だけでなく野生動物でも応用しうると考えられるようになった。そして、鯨類学者の Whitehead がマッコウクジラやシャチといった母系性の社会をつくる鯨類に敷衍し、彼らの遺伝的な多様性の低さを説明するひとつの原理としたものである[4,5,6]。

　レジデントのシャチの遺伝的な多様性が極端に低いのは、雄にしても雌にしても生まれた家族群で生涯をすごす——ときに雌は成長し自分が子どもをもったときに別の家族群として独立することはあるが——社会をもつ故だろう。一

方、トランジェントはレジデントにくらべていくぶん広い多様性をもつ（ミトコンドリア DNA の D ループ領域の遺伝子配列の型は 7 つ見つかっている）が、それはトランジェントの社会の特性として小さなポッドを形成し、生まれた子どもがしばしば母親のポッドにとどまらないことにもよるものだろう。

シャチは 1 種ではない？

　さて、2000 年をすぎたころから、文化的な存在としてのシャチが世界各地の海においてそれぞれの環境や餌生物にあわせて独自の暮らしをしていること、さらにそれが遺伝的に固定されて独自の生態型を形成していることが、人びとの注目を集めはじめたことは各所で論じてきた。

　こうした動きのなかで、2003 年に Pitman らによって、南極に 3 タイプ（タイプ A、B、C）のシャチが生息することが報告された (p. 90)。以降の世界のシャチの遺伝学的な調査は、北太平洋のレジデント、トランジェント、オフショアの 3 タイプとともに、南極海に生息するシャチたちもその対象にしはじめる。2008 年に LeDuc や Pitman らによって、南極の 3 タイプのシャチがはじめてその俎上にあがることになった[7]。

　その結果は、タイプ A（その形態がほかの海に生息するシャチと比較的似ていることもあり、ほんとうにひとつのまとまった生態型と呼べるかどうかは疑問だが）と、タイプ B および C とは別種としうるほどの違いがあること（たがいの間での遺伝的な交流はほぼ完全になくなっていること）、ともに南極海の海氷の間に生息するタイプ B とタイプ C は単系統として、その両者は比較的新しい時代に分かれたと考えられるというものであった。

　じつはこのころから、それまでひとつの種と考えられてきたものが、遺伝子解析技術の進歩にともなって複数の種に分けられる例が、生物の分類群を問わず見られるようになっていく。鯨類でも、南米のアマゾン川、オリノコ川水系にすむアマゾンカワイルカにおいて、2008 年にはボリビアのマデイラ川に生息する隔離された個体群がボリビアカワイルカとして、また 2014 年にはブラジル中央部のアラグアイア川流域に生息する隔離された個体群がアラグアイアカワイルカとして別種にされている。

　同様の動きはシャチにおいても見られるが、世界的に分布し、多くの研究者が関わっているシャチという動物では、複数の種に分けるという“合意”を得

ることは、ほかの種よりも手間どる作業になる。さらに、この動きをより慎重にさせているのは、世界各地にすみ、多くの生態型が認められるシャチたちのなかで、（レジデントとくらべても見かけ上さほど大きな差が認められない）トランジェントがほかのどの個体群、生態型より遺伝的に離れていることが明らかになったからかとも推察する。それでも近年、世界の研究者の間では、（シャチ Orcinus orca という種のなかのひとつの生態型の名称である「トランジェント」に代わって）Bigg's killer whale という名称が多用されるようになっていることはひとつの大きな動きだといっていい。

　さらに 2009 年には、Foote らが、北大西洋には魚類を中心にときにアザラシなど多様な生物を捕食するシャチ（「タイプ 1」）と、もっぱらミンククジラを捕食するシャチ（「タイプ 2」）の、少なくとも 2 つの生態型が存在することを報告した[8]ことが、上記の議論をより活発化させることになった。

世界のシャチがたどった道

　世界の海にすむシャチの生態型についての議論が、より熱く語られるようになった 2010 年、アメリカの Morin らが、北極海から南極海まで世界各地の海に生息するシャチ 143 頭のミトコンドリア DNA を採取し、新たに遺伝的な解析を行った[9]。

　先に書いたように、これまでの遺伝子解析にはミトコンドリア DNA の D ループ領域が使われることが多かったが、その多様性（個体群間あるいは生態型間による違い）があまりに低く、より詳細な追跡がしにくい。そのために、このころからミトコンドリア DNA 全体を解析することで、個体群間あるいは生態型間の違いや関係性、さらには彼らがたどってきた道筋が検討されるようになっていた。2010 年の Morin らの報告も（論文のタイトルが示すように）この方法が用いられた。

　この報告では、現在のシャチたちの共通の祖先は 70 万年前に遡り（こうした年代は、それぞれの研究者が妥当と考える遺伝子時計 —— どの程度の頻度で DNA 内の塩基置換が起こるかをもとに計算される —— によるもので、その後修正されていく。後の Morin らの 2015 年の論文[10]では 35 万年前と推定）、そこから早い段階でトランジェントの祖先が枝分かれし、さらに北半球と南半球のシャチが分かれ、その後、南半球では南極海のタイプ A、B、C などが、

北半球では太平洋のレジデントやオフショア、大西洋ではタイプ1、2などが分かれたとする。そして、北太平洋のレジデントやオフショアと北大西洋のものが相当に近い関係にあるのは、北極海に氷が少ない時代（間氷期）には、北米大陸の北側をシャチたちが行き来でき、やがて氷が多くなった時代に両者が隔離されたからと思われる。

　こうして、シャチが世界各地の海に向けて広く拡散したのは、15万年前くらいまでと試算するが、この数字は（これまで漠然と理解されていたような）2万〜4万年前に大きな生態型の分化が起こったとするものよりもずいぶん古い。というのは、これまでの報告は、ミトコンドリアDNAの限られた部分からの情報をもとにしているのに対して、MorinらはミトコンドリアDNAの全領域を解析した結果だという。そして、トランジェントや南極海のタイプBおよびCは、世界のほかのシャチとは別種にするほどの遺伝的差異が認められるとする。また、タイプDについては、2010年の論文ではまだ触れられていないが、新たにより多くのサンプルを分析した2015年の論文[10]では、トランジェントとともに、世界のほかのシャチたちからもっとも早い時期に枝分かれしたものとした。

　ちなみに、母方のみから受け継がれるミトコンドリアDNAの解析から得られる情報は限られており、さらに詳細な“地図”や“系統樹”を描くには、両親から受け継がれる核DNAの解析が必須になる。Morinらのこの成果は、もちろんその後の研究によって修正され、追補され、上書きされていく部分はあるものの、世界のシャチが分化してきた道筋を最初に包括的に描きだしたものとして、発表された当時、私自身興奮してこの論文に目を通したものだ。そしてなにより、科学とはここまでわくわくさせてくれるものであることを再認識させてくれた仕事でもあった。

　さて、生物の種分化あるいは異なる亜種や生態型へ分かれていく過程は、常に生物学者たちの興味の対象でありつづけてきたが、もっとも考えやすく、じっさいに数多く起こってきた例は、それまでいっしょに暮らしてきたひとつの地域集団が、なんらかの（地形の変化や偶然による島嶼への移住といった）事情によって地理的におたがいに隔離され、異なる進化の道を歩みはじめることによって、たがいの違いを強めるというプロセスであった。しかし、シャチという種が、専門の研究者だけでなく多くの遺伝学者や進化学者の興味を強く惹

いてきたのは、北太平洋に生息するレジデント、トランジェント、オフショアのように、また南極海に生息するタイプA、B、C、Dのように、同じ場所で異なる生態型が（ほぼたがいに関わりあうことなく）共存していることについてであり、それらを生みだすにいたったプロセスについてである。

こうしてシャチの生態型についての議論が白熱するなかで、そもそも生態型とはなにに——つまりは採餌生態か行動圏か、社会のありようか遺伝的特性かなど——よって定義されるのかについて論じた論文もある[11]。

そしてもうひとつ、2010年のMorinらの報告が明らかにしたことは、これまで話題にしてきたシャチの生態型とは、もともとは北太平洋のレジデントとトランジェントでそうだったように、また南極海のタイプA、B、Cなどのように、餌や採餌生態、行動圏の違いから論じられるようになったものが、遺伝子解析を行ってみると、行動や生態学的な側面から提起された生態型が、当初考えられた以上に遺伝的な差異を強く反映するものだったことであった。

レジデント、オフショアとトランジェントの関わり

さて現在、北半球にすむレジデント、オフショア、トランジェントという生態型の祖先たちは、南半球を中心に暮らしていたであろう母集団から分かれたあと、北半球のなかでさらに分かれたことは、Morinの報告でもほぼ確かにはなっていたが、その詳細な道筋はまだ謎のままだ。それについて2011年にFooteらが、興味深い報告を行った[12]。

南半球からまずは北太平洋に入りこんだシャチたちが、トランジェントとしての暮らしをはじめる。その後、その一部が北米大陸の北側を通って北大西洋に入りこんだあと、（論文のタイトルにも表現されているとおり）ふたたび北大西洋から北太平洋に入りこんだシャチたちが、オフショアやレジデントとして暮らしはじめたというシナリオである（北大西洋のシャチと北太平洋のレジデントやオフショアがかなり近い関係にあることは、先のMorinらの報告でも指摘されている）。現在、北部北太平洋で共存するトランジェントとレジデント、オフショアは、彼らがすむ北太平洋で分化したのではなく、北大西洋との間の移動を経て二次的に出会うことになったとFooteらは結論する。

上記の議論および結論は、基本的にはミトコンドリアDNAの解析から導きだされたものだが、その後Mouraらは、より詳細な情報が得られる核DNA

の解析をも加えて、まったく別のシナリオを描きだすことになる[13,14]。

　すなわち、南半球にいた母集団からまずは北太平洋に入りこんだ一群がトランジェントを生みだす。やがて北太平洋でたがいに異なった獲物を追うようになったトランジェントとオフショアが分化し、その後、北米大陸の北側の氷が少なくなった間氷期に北大西洋に入りこんだとする。そして北太平洋ではその後、魚食性のオフショアから現在のレジデントが枝分かれしたという筋書きである。つまりは現在、北太平洋に共存するレジデント、トランジェント、オフショアという3つの生態型が、北大西洋との行き来を経て二次的に同所的に暮らすようになったとするFooteやMorinの説に対して、Mouraの説はこの3つの生態型は北太平洋のなかで分化したとするものである。

　それに対してFooteとMorinらはより新たな遺伝学的手法を用いて、やはり北太平洋に共存するシャチの生態型が、複数回にわたる北太平洋への流入によって生じた可能性（レジデントと北大西洋のシャチとの遺伝的な差異が、レジデントとトランジェントとの遺伝的な差異がより小さいことなど）を示す[15]など、北太平洋のレジデント、オフショア、トランジェントがどう登場してきたかの議論はまだ続いている。

最後の氷期のあとで

　いずれにしても現在、見ることができるシャチの世界は、最後の氷期に彼らが経験したボトルネックと大きく関わっていることはまちがいない。

　先にMorinらが報告したように、世界のシャチの共通した祖先は70万年前に遡るが（先述のとおり、その年代をもう少し短く算定する報告もある）、途中個体数を減らす時期もありながら、いまから13万〜11.5万年前の間氷期（北米ではサンガモニアン間氷期、ヨーロッパではエーミアン間氷期と呼ばれる）に世界の海洋に広く拡散していく。北太平洋と北大西洋のシャチが北米大陸の北側を通って行き来したのもこの時期だ。しかし、それにつづく氷期（北米ではウィスコンシン氷期、ヨーロッパではヴァイクセル氷期と呼ばれる＝11万〜1.2万年前）、とりわけ最終氷期極大期に世界のシャチは決定的に個体数を減らすことになる。

　世界のシャチがボトルネックを経験した氷期と、その後のシャチの動向については、Mouraがきわめて興味深い論考を発表している[16]。

「氷期に個体数を減らす」と書けば、“氷に閉ざされた海のなかで死にたえる”といったイメージを抱きかねないけれど、事情はずいぶん異なっている。じつはこの時期、世界の各地の海洋で湧昇流が弱まることで、各地の海洋生態系の生物生産が極端に低下し、餌資源が極端に減ったことが示されている。湧昇流とは深層から湧きあがる海水の流れだが、そのために湧昇流のある海域ではまわりの海域より表層の水温が低いのが常だが、この時期はむしろ、それまで湧昇流があった海域では海面水温が高くなったらしい。シャチのような生態系の高位にある動物は、とりわけ餌資源の多寡に運命は左右されやすい。

　しかし、この時期でも南アフリカ沿岸〜沖合にかけては、高い生物生産が維持されていたと思われる。現在でもこの海域は、インド洋からに西向きに流れるアガラス海流と、大西洋岸を北上するベンゲラ海流の恵みに支えられて豊かな海洋動物が集まる場所である。

　この海域に生息するシャチの遺伝子解析を行えば、彼らの遺伝的多様性が世界のほかのどの海域のものよりも圧倒的に広いことが明らかになっている。それは、この海域では当該の氷期にも生物生産があまり失われることなく、シャチもまた極端なボトルネックを経験しないですんだからだという。

　さらに当時、ほかの海域からこの豊かさが維持されていた海域に、シャチたちの流入があったかもしれないともいう。（第3章で書いたように）最終氷期極大期におけるシャチたちの避難場所になった可能性が高い。この氷期が終わったあと、ふたたび世界のシャチたちは分布域を拡大させながら、それぞれの海洋環境にあわせて独自の暮らしぶりを加速させていくことになる。

　私は、これまでもアラスカ〜カナダの太平洋岸を長く旅してきたけれど、そこには氷河の浸食によって形成されたフィヨルドが連なり、複雑にいりくんだ海岸線を見せている。いまではトウヒやツガなど針葉樹の巨木が茂る島じまを点在させた沿岸水路は、膨大な数のサケやマスの群れが押し寄せ、レジデントのシャチたちの暮らしを支えている。

　この世界ができあがったのは、さほど古いことではなく、最後の氷期が終わった1万数千年前以降の話であり、現在のレジデントに直接つながるシャチたちはすでに存在していたとしても、いま私たちが目にするような形でレジデントが暮らすようになったのは、わずか1万数千年以内のことだといっていい。近年の研究の成果[17]を援用すれば、北部北太平洋のなかでは氷期におい

ても氷が少なかったアリューシャン列島がシャチたちの避難場所になり、最終氷期が終わったあとにアラスカやカナダの太平洋岸に再入植したシャチたちを、いま私たちが見ていると考えられるのである。

もうひとつ興味深い事実は、トランジェントという世界のほかのシャチから早い段階で枝分かれをした者たちが、ほかのシャチたちと外見上あまり変わらないのに対して、南極海のタイプ B、タイプ C、タイプ D というシャチたちが、外見上相当に異なっていることだ。タイプ D についての情報はまだあまりないが、少なくともタイプ B とタイプ C は、LeDuc や Morin らが示したように、早い時期からほかのシャチたちから枝分かれをし、別種にすべきほどの差があるからだが、それにしてもトランジェントと比較すれば、やはり外見におけるほかのシャチたちとの違いは際だっている。

小さな個体群や集団では、偶然による生存に有利、不利にかかわらない遺伝子の偶然の変異が集団のなかに広まっていく、つまりはランダムな方向への変化が促される"遺伝的浮動"という現象が起こりやすい。じっさいボトルネックを経て、一時的にではあっても極端に個体数を減らした個体群や集団でよく見られる現象でもある。遺伝的浮動は、選択圧による進化（自然選択）と並んで生物の進化を説明する二大柱だが、タイプ B やタイプ C の外見上の（ほかのシャチたちとの）違いは、このメカニズムを思わせるものでもある。

生物生産がさかんな高緯度海域では、北太平洋の魚食性のレジデントに対して海生哺乳類食性のトランジェントや、それぞれに食性が異なる複数の生態型が存在する南極海など、食性のスペシャリストが存在する。一方、後述する低緯度海域に生息するシャチについては、限られた餌生物だけでやっていけるほどの餌の量が存在しないこともあり、幅広い食性をもつものが多い。ならば、限られた餌生物だけでやっていけるほどに生物生産がさかんな高緯度海域でより生態型の分化が進んだことは、容易に理解できることでもある。

現在、高緯度海域に生息するシャチたち（とその生態型）の多くは、最後の氷期以降に入りこんだ（あるいは再入植した）小集団に端を発していると考えられ、遺伝子浮動も高い頻度で起こってきたとしても不思議ではない[18]。

集団間の交流と分断

さて、これまで論じてきた世界のシャチたちがたどった道筋を描きだす試み

のなかで、多少の不鮮明さをもたらす要因は、ごく稀にではあっても、複数の生態型間では——たとえばトランジェントとオフショアの間で、またオフショアとレジデントの間で見られるように——多少の遺伝的な交流があったと思われることだ[19]。

2000～01年に、アメリカ、シアトルに近いピュージェット湾やカナダ、バンクーバー島の南部海域に生息する南部レジデントに属するLポッドの1頭「ルナ」(L98)が、バンクーバー島北西部の、南部レジデントの本来の行動圏からはずれた場所に現れて、シャチの"迷子"としてニュースになったことがある。さらには、2002年、カナダ太平洋岸に生息する北部レジデントのメンバーの1頭で「スプリンガー＝A73」と名づけられた個体が、アメリカ、シアトルに近いピュージェット湾（本来北部レジデントが行き来することがないと考えられている南部レジデントの生息海域）でしばらくの間、目撃されたことがある。

これらは生態型間ではなく、同じ生態型に属する個体群間の移動だが、同所的に生息する複数の生態型間の間で、稀にでも行き来がありえることは否定できないだろう。

世界のシャチは、過去に繰りかえした氷期と間氷期の間で、氷期には全体の生息域はやや低～中緯度海域に限られ、間氷期には高緯度海域まで生息域を広げつつ、個体数を増やしながら（同時に遺伝的多様性を増しながら）それぞれの異なった暮らし方（生態型）をつくりあげてきた。そして、つぎの氷期にはふたたびその生息域を低～中緯度に制約されつつ、そこですでに存在していた生態型間の遺伝的な交流が少し進んだと推測される。こうして、世界のシャチは一方的な分化、分断だけでなく、合流し融合することも歴史のなかで経験してきたはずだ[18]。

現在、より進んだ遺伝学的な手法によって、過去に稀に起こっていたはずの生態型の交流の形跡さえ見いだしながら、より精緻なシナリオを描きはじめている。シーケンシングとは、これまで論じてきたようなDNAの遺伝子配列を読み解く技術だが、新しいシーケンシングの技術と理論（合祖理論＝現在の集団の遺伝情報から、過去の集団の動態情報を推測する理論）は、ひとつの集団が過去の何万年前にどれくらいのサイズだったかを明らかにするまでになっている。遺伝的な情報がよりくわしく調べられるようになると、それぞれの生態

型のシャチがどう分化し、登場してきたかを明らかにするだけでなく、シャチという種においてなぜこれほどまでに異なった暮らしをする生態型が存在するかという、根本的な疑問にも科学の光があてられるようになってきた。

まずは、北太平洋のレジデントとトランジェントのように、それぞれに独自の餌生物への特化を、大きな要因としてあげることができる。生物生産が豊かで、それぞれの餌生物への特化が起こりやすい高緯度海域で、とりわけ分布域を広げた間氷期に複数の生態型への分化が促進されたことは先述したとおりだ。さらにそれに加えて、「文化的ヒッチハイク」が顕在化しやすい、絆の強い母系性の社会をつくっていることも大きな要因のひとつになる。

これまで世界各地の海にすむシャチたちで見てきたように、それぞれの海のシャチは、自分たちがすむ海の環境や餌生物にあわせて独自の捕食行動、捕食戦略を編みだしてきた。こうした行動および戦略は、それが生存に有利なものであればあるほど、自分のポッドや個体群のなかに広まる一方、別のポッドや個体群との差異を強めていく。そうすることで、たがいの交流はより限定的なものになり、遺伝的な分断もより進んだはずだ。

「たとえばレジデントは、一年のうちの特定の時期に見られるサケ・マスの回遊を追ってやってくる一方で、トランジェントは来遊するのがサケ・マスと時間や海域を必ずしも同じくしないアザラシやイルカの移動を追っている。こうした時間的な隔離は、地理的な隔離と同様の効果を生みだし、そのような状態が十分に長くつづけば、別種への分化にもつながるだろう」[20]。

「レジデントとトランジェントでは、交尾につながる事前の行動がかなり異なっており、かりに同じときに同じ場所に居あわせることがあったとしても、こうした行動の違いが、この 2 つのグループの間での交雑をいくらかなりとも妨げる結果になるだろう」[20] と Moura はいう。

餌生物が異なれば、分解および代謝のための酵素の生成、あるいはそれに関わる遺伝子にも当然変化をもたらしたはずだ。また、南極海にすむシャチたちは、低温のために皮膚の再生が促進されにくいために、ときおり低緯度の温かい海域に短期の回遊を行うことは先に紹介したが (p. 96)、一方で皮膚の再生に関する遺伝子を進化させていることも明らかになっている。つまりは暮らし方（「文化」と呼んでもいい）と遺伝子は、たがいに関わりあいながらともに進化して、それぞれの生態型を際だたせてきたのである[21,22]。

163

最後の氷期以降に世界の各地に分布を広げ、現在、地球上のいたるところに
生息するようになった哺乳類として、人類とシャチをあげることができる。い
うまでもなくアフリカを出て世界中に拡散してきた人類の足跡は、強い興味を
もって多くの人類学者によって追跡されてきた。人類の進化と各地への分散と
分断にあたっては文化の存在、つまりは文化と遺伝子の共進化が大きな要素に
なってきたが、シャチについても同じことが起こっており、シャチがたどった
道を探る論文に、人類の足跡をたどった研究や論文がたびたび参照されている
ことはじつに象徴的である。

　シャチという動物は、多くの人びとの興味をかきたて、本書でも紹介してき
たとおり、世界の多くの研究者たちが膨大な労力をはらってその生態やたどっ
た道を解明しようとしてきた。それは、私たちが合わせ鏡を見るように、自分
たちの足跡を知りたいとする知的好奇心と、表裏一体のものであったことが、
ここで強く心に刻まれるのである。

東部熱帯太平洋

　これまで世界各地の、とりわけシャチが比較的高い密度で観察される海域に
すむシャチについては、生態にせよ遺伝学的な情報にせよ、非常に精力的に研
究されてきた。しかし、シャチはほぼ世界の海洋に生息しており、ある海域に
生息するシャチがほかの海域に生息するものとどう関わりをもつのか、またシ
ャチという動物が世界の海へどう分散していったかを知るうえで、（密度は低
いといえども）これまであまり研究されていない海域にすむシャチたちの情報
も必須になる。そうした研究の"新天地"のひとつは、東部熱帯太平洋だ。

　東部熱帯太平洋とは、北半球ならメキシコから中米にかけての、南半球なら
エクアドルやペルーなどの太平洋沿岸から沖合にかけての海域であり、ガラパ
ゴス諸島や遠くハワイ諸島周辺も視野に入ってくる。こうした低緯度海域は高
緯度海域ほど生物生産が高くなく、それだけシャチの生息密度もけっして高い
とはいえないが、それでも東部熱帯太平洋なら、北半球では北から流れる寒流
カリフォルニア海流に、南半球では南から流れるフンボルト海流（ペルー海
流）と、それらが生じさせる湧昇流の恵みに支えられて、緯度の割には生物生
産がさかんな海域であり、シャチを含む大型海洋生物が多く生息する海でもあ
る。少し前のものだが、この海域に生息するシャチをあわせると、8500頭に

164　第6章　世界のシャチがたどった道、そして日本へ

達するという報告もある[23]。

　この海域は、本書でこれまで紹介してきた各地にくらべればシャチ研究が進んでいるとはいえないが、2000年を超えたあたりから、ペルーやコスタリカ、あるいはガラパゴス諸島沿岸といった各地から、さまざまな観察報告があがりはじめ、少しずつだがその実態が明らかになりはじめている。報告のなかには、鯨類やサメや大型のエイを襲っていることを報告するものが多いが、この海域のシャチたちがそれらを主食にしていると判断するのは早計だろう。大型の獲物を襲う光景は人間の目によりめだつために、目視観察だけに頼れば大きなバイアスがかかってしまう。

　一方、カリフォルニア湾（コルテス海）に座礁したシャチが調べられ、歯が摩耗していたことからオフショアであることを思わせる報告もある[24]。2010年にMorinが世界のシャチについてミトコンドリアDNAを解析した報告でも、東部熱帯太平洋から採取されたいくつかのサンプルが、オフショアに特有の遺伝子配列（ハプロタイプ）をもっていたことがわかっている[25]。

　カリフォルニア湾は、かつてのスペインからの征服者の名に因んでコルテス海とも呼ばれるが、シャチを含む鯨類観察にはきわめて興味深い海である。この海は、断層によってカリフォルニア半島がメキシコ本土から切り離されたときに誕生した海である。

　断層でできた海は深く、この南北に長く深い海に満ち潮に乗って太平洋から勢いよく流れこむ海水の塊は、湾口から1000km以上離れた湾奥で盛りあがり、今度は反動をつけて湾口をめざす。そのとき海水の流れは、半島から突きでた各

コルテス海で出会ったシャチ。このときは26頭の大きな群れをつくっていた。背景はサンホセ島。1987年撮影。

地の岬や、断層で半島が切り離されたときに残滓のように残った島じまにぶつかってかき乱されて、栄養分に富んだ深層水をまきあげる。そして、照りつける亜熱帯の太陽が海中にプランクトンを湧きたたせる。

とくに海が時化て海水が大きくかきまぜられた数日後には、海面がプランクトンで赤く染まることがある。エルナン・コルテスの命でこの湾を航海したフランシスコ・デ・ウロアはその光景を目に、「赤い海」と呼んだほどだ。コルテス海をとりまく大地は、カリフォルニア半島にせよメキシコ本土にせよ乾いた灼熱の大地だが、コルテス海は世界でも有数の豊饒さを誇る海でもある。

　こうして豊かで閉鎖された海は、きわめて特異な海洋生態系を見せる。本来は繁殖と採餌のために、高緯度海域と低緯度海域の間を回遊する大型ヒゲクジラのナガスクジラにも、深海で餌をとるマッコウクジラにも、周年を通して定住する個体群が知られている。この海では彼らの暮らしを一年にわたって支えつづけるだけの生物生産が行われているからだが、だとすればシャチが頻繁に姿を見せても不思議ではない。

　私自身、コルテス海を含むカリフォルニア半島沿岸は頻繁に船旅をした海域であり、シャチの観察例も少なくない。私の観察で興味深いのは、2〜4頭のポッドで観察される場合と、20頭を超える大きな群れで観察される場合がはっきりと分かれることだ。

　シャチの観察例のなかで三度、コルテス海に多いマイルカを襲う例が観察されているが、そのときのシャチはいずれも2〜4頭で行動しており、あたかもトランジェントの行動を思わせるものであった。一方、20頭を超える群れをつくるのはオフショアを思わせ、あるときにはオナガザメが海面にジャンプを見せたあとに、数頭のシャチが交互にサメの死体をくわえて泳ぐのを観察したこともある。

　とはいえ、（じっさいにDNA解析がなされて明らかにオフショアとされた例は別にして）鯨類を襲っているのはトランジェント、サメを襲っていたのはオフショアと判断できるわけではない。じつは近年より勢力的に行われはじめたDNA解析によって、"東部熱帯太平洋型"とも呼べるものが想定できることが明らかになりはじめている[20,26]。

　彼らを特徴づけるのは、なにより食性が多様なことである。先にも紹介したように、概して高緯度海域ほど生物生産が高くない低緯度海域では、あるきまった餌生物だけに特化してやっていけるほどの餌生物は存在しにくい。とすれば、同じ海域で餌生物が特化した異なる複数の生態型が共存できる北部北太平洋や南極海とは異なって、同様の暮らしをするシャチたちが低密度で広く生息

すると考えるのが妥当だろう。そしてもうひとつ、形態的な特徴をあげるとすれば、サドルパッチの白が淡くぼんやりとしていることだろう。

さらに、このシャチたちを特徴づけるのは、南北それぞれの半球でザトウクジラの繁殖期に、繁殖海域に頻繁に姿を見せることである。彼らがザトウクジラだけではなく、シロナガスクジラやニタリクジラなどを襲っている報告はあるが、南北両半球で急速に個体数を回復させてきたザトウクジラは、繁殖海域と季節性が明らかに限定されるために、捕食者としては魅力的な獲物になっていると考えて不思議ではない（p. 143 で紹介した西オーストラリアの例もある）。

そのなかで 1 頭、興味深い雄のシャチが研究者たちの注目を惹いている。アイパッチが後方に向けて少し垂れ下がった特徴をもち、「ファントム」と名づけられたこの雄は、最初に 2001 年 2 月にメキシコ太平洋岸のバンデラス湾（北半球のザトウクジラの繁殖海域）で目撃されて以来、繰りかえし同じバンデラス湾や、赤道を越えてエクアドルやペルー沿岸で（バンデラス湾で目撃されるのは 2 月に限られ、南半球のエクアドルやペルー沿岸で観察されるのは 9〜10 月と、それぞれの半球のザトウクジラの繁殖期にあわせて）目撃され、5000 km もの移動をしていることが確かめられている[27]。

一方、北南米太平洋岸から少し離れるが、ハワイ諸島周辺でも（頻繁ではないが）シャチの報告例はある。このシャチたちも、やはりザトウクジラを襲うこともあるようだ。また、頭足類（イカ、タコ）を食べているものが確認され、さらに興味深いことは、座礁したトランジェントとされるシャチが、海生哺乳類とともにイカを食べていたことがわかったことである[28]。

今後の興味は、"東部熱帯太平洋型"と呼ばれるものが、北太平洋に生息するレジデントやオフショア、あるいはトランジェントと共通の祖先をもつのか、あるいは南半球のシャチたちに直接の祖先をもつのかについてだが、遺伝学者たちが明らかにしてくれる日も遠くないだろう。

イカを食べるトランジェント

さて、トランジェント（もはや Bigg's killer whale と呼ぶべきだろう）といえば、1970 年代初頭にカナダ太平洋岸での野生シャチの研究がはじまった早い段階から、魚食性のレジデントと同じ海域で共存する、イルカやアザラシ

など海生哺乳類食者としてその存在が知られてきたシャチの生態型のひとつである。現在ではアメリカ西海岸からアラスカ、アリューシャン列島を経てカムチャッカ半島沿岸にいたるまで（いくつかの亜個体群に分かれながら）広く北部北太平洋に生息することが知られている。そして、一部海鳥もそのメニューには含まれるが、なにより海生哺乳類食性が彼らの生態を特徴づけるものと考えられてきた。

　以前、カナダ沿岸に生息するトランジェントの漂着個体の胃のなかから、イカの顎板（カラストンビ）が見つかったことがある[29]。ただし、そのときはそのイカの残渣は、同時に胃内から見つかったキタゾウアザラシが食べていたものであろうと推察されていた。しかし、北太平洋のシャチの生態がよりくわしく調べられるようになって、先述したハワイで座礁したトランジェント（に近い）と思われる個体がイカを食べていたことが明らかになり、同様の報告が相次いでなされるようになってきた。

　シャチがイルカやアザラシを襲うのは海面近くで行われることが多く、それに費やされる時間やめだち方からも観察者の注意を惹きやすい。一方、イカは深所に生息し、シャチがイカを食べるとしても、その光景が観察者の目に触れる可能性はきわめて低い。しかし、そうした観察例も少しずつ増えつつある。

　その代表的な例は、アメリカ、オレゴン州やワシントン州沿岸からもたらされたものだ[30]。ともに座礁（オレゴン州のものは2004年、ワシントン州のものは2010年）したトランジェントであることが明らかなこの2頭の胃内容物が調べられた結果、ほとんどがイカ（比較的深所に生息するテカギイカ科、ツツイカ科、アカイカ科）の残滓で、海生哺乳類はといえば、オレゴン州のものからわずかにキタゾウアザラシのヒゲと爪が含まれていただけだった。

　じつはこうしたイカが、同時に胃内に含まれていたキタゾウアザラシ、あるいはそれ以外にいたかもしれない餌動物が食べていた可能性も検討されたが、それぞれ消化の程度から、その可能性は無視できることも明らかになった。こうして、トランジェント（すべての個体というわけではない）にとっては海生哺乳類とともにイカが無視できない餌になっていると考えられはじめている。

　さらに、その傍証ともいえる研究もある。生体試料に含まれる窒素同位体の割合から、餌生物が推定しうることは先にも紹介したとおりだ。すなわち、より栄養段階が高い（食物連鎖の上位にいる）ものほど、高い窒素同位体比を示

すのが常だ。北太平洋のシャチでいえば、レジデントよりトランジェントのほうが、窒素同位体の割合は当然高い。

それにあわせて、トランジェント同士の違いも調べられている[31]。そのなかで、アラスカ、プリンス・ウィリアム湾に生息するAT1トランジェント（チュガッチ・トランジェント）にくらべて、オレゴン州やワシントン州を含むアメリカ西海岸から東南アラスカの太平洋岸にかけて広く生息する西海岸トランジェントやアラスカ湾トランジェントの窒素同位体比が低いことがわかっている。

AT1トランジェントは、プリンス・ウィリアム湾内のゼニガタアザラシやイシイルカを捕食する。一方、西海岸トランジェントやアラスカ湾トランジェントは、ゼニガタアザラシやイシイルカのほか、コククジラやミンククジラなどのヒゲクジラも捕食する。こうしたヒゲクジラ類の窒素同位体比はゼニガタアザラシやイシイルカにくらべて低い。Newsomeらは、そのことが西海岸トランジェントやアラスカ湾トランジェントの窒素同位体比がAT1トランジェントのそれにくらべて低い理由のひとつと推測する。しかし、Hansonらが指摘したように、イカ類が西海岸トランジェントたちの無視できない餌になっていることも、その理由のひとつである可能性も否定できない。

日本にすむシャチ

これまで紹介してきた数多くの論文や報告を見てもわかるように、シャチの遺伝子解析を通した研究をリードしてきたHoelzel、Morin、Moura、Foote、さらには精力的なフィールドワーカーでもあるPitmanやMatkin、Visserらは、ときに競いながら、ときに協力しあいながら、いま地球の各地に生息するシャチたちがたどった道を、世界地図のなかに描きだしてきた。本章の前半で紹介した多くの論文に著者の名前が数多く並ぶようになっているのもその状況をうかがわせる。

ただ、残念なことに、これまで紹介してきた論文や報告の著者のなかに、日本人研究者の名前を見ることはなかった。と同時に、知床半島沿岸では2010年ごろから多くの人びとが訪れてシャチの観察が行われてきたにもかかわらず、さらにはもっと古くからのシャチの歯や骨格標本が各地の博物館に所蔵されているにもかかわらず、シャチ世界地図のなかに日本近海のものについての

情報は欠落していた。誤解を恐れずにいえば、シャチ研究においても日本は"ガラパゴス状態"であったといってあながちまちがっていない。京都大学の三谷曜子はこう記す。

「北東太平洋では、エコタイプ（生態型）によって群れサイズや鳴音、ハプロタイプ（遺伝子の並び）も異なることが次々と明らかになっていったが、日本ではエコタイプの研究はおろか、1965〜67年の3年間に一年に100個体以上も捕鯨するという、シャチの生産力に比して過剰なまでの捕獲圧をかけていた。その後、シャチを対象とした捕鯨は急速に下火になり、1997年に和歌山県で実施された学術目的の特別捕獲を最後に捕獲は許可されておらず、日本周辺に生息する野生のシャチ個体群のまとまった研究はなかった」。[32]

日本近海のシャチの食性についての興味深い例が、先に紹介したHansonら（2014）のなかで紹介されている。1988年に北海道のオホーツク海沿岸で捕獲されたシャチの胃内容物に、イシイルカと多くのイカとともに、魚類のスケソウダラとコマイが含まれていたとするものである。つまり、海生哺乳類もイカも魚類も同じ個体が捕食していたわけで、この個体の生態型はわかっていない。

そうしたなかで、日本での野生シャチの研究は、思わぬ、そしてシャチにとっては不幸な、あるできごとから大きく進むことになった。

2005年2月7日、厳寒の北海道知床半島沿岸にある相泊港のなかで、11〜12頭のシャチが流氷に閉じこめられ、翌日には子ども3頭を含む9頭が死亡した。こうしたできごとやストランディ

2005年2月、知床半島沿岸で流氷に閉じこめられて死んだシャチ。
（写真：宇仁義和）

ングは、当該の生物には不幸なできごとだが、研究材料としては宝の山である。とくに、死んでまもないサンプルがもたらしてくれる情報は限りなく大きい。

胃の内容物が谷田部明子（当時、東京海洋大学）らによりくわしく調べられ、胃のなかからは大量のアザラシ類（ゴマフアザラシとクラカケアザラシ）の残渣、イカの顎板（カラストンビ）と鳥類のウミガラスの骨が見つかった。

「もっとも大きなシャチの胃内容物の総重量は約8.7 kgあり、アザラシ類の爪が632本、イカ類の顎板が371個（うち上顎板は190個）見つかった。アザラシの爪は1頭あたり20本なので、少なくとも32頭のアザラシと、190杯のイカを食べていたことは確かだ……ほかの5頭の大人の胃からも、食べてまもないアザラシ類の一部や、イカ類の顎板などが見つかった。同様に爪と顎板を数えたところ、それぞれのシャチは少なくともアザラシ類を5〜11頭、イカ類を20〜165杯食べていたことがわかった」[33]。

このときも、イカはシャチが直接食べたものではなく、獲物になったアザラシが食べていたものかが検討されたが、その可能性は無視できたという。ちなみに、イカはテカギイカ科のものやアカイカだったから、アメリカ、オレゴン州やワシントン州沿岸のトランジェントが食べていたイカと共通する[34]。

また、このシャチがアザラシを食べていたこと（一方で魚類がいっさい胃内容物に含まれていないこと）から、当然、北太平洋に広く生息するトランジェントとの関わりが考えられた。しかし、このできごとが起こった当時、トランジェントはもっぱら海生哺乳類食（一部は海鳥が含まれる）と理解されていたため、同時にイカを食べるシャチの生態型については疑問が残されていたが、近年はトランジェントと確定できた個体がイカを大量に食べていた例も確かめられていることは紹介したとおりだ。

さらに、ミトコンドリアDNAのDループおよびその近接領域を使った遺伝的解析も行われ、相泊港で死んだシャチたちが、北太平洋に広く生息するトランジェントにきわめて近い関係にあることも確かめられた[35]。

その後、知床半島沿岸では、羅臼町をベースに野生シャチ観察を目的に —— 知床半島が世界自然遺産に登録されていることもあり —— 多くの観光客が訪れるようになっていく。私自身も国内旅行ですむこともあり、何度も訪れてきた。

晩春から初夏にかけての根室海峡で、海上に流れる風はときに肌を刺すほどに冷たいけれど、まだ雪をいただいた知床連山を背景に、シャチの群れが泳ぐ光景は、それだけで目を魅了する。2015年には、シャチが船の近くでクロツチクジラを襲う光景にも出会っている。いまから40年以上前に、アメリカの

ピュージェット湾やカナダのジョンストン海峡で私がシャチを観察しはじめたころには、日本でこんな形でシャチ観察ができるなど想像さえできなかった。

もともと根室海峡、および羅臼町沿岸は、高い生物生産を誇る海域である。

「半島先端の知床岬から羅臼にかけての沿岸・沖合では、深い森に包まれた急峻な山々から水深2000mを超す海底へと一気になだれ落ちるように形成される"すり鉢型"の地形が特徴で、離岸わずか5kmほどで深海域が出現する。このよ

羅臼沖でクロツチクジラを襲うシャチ。2015年6月撮影。

うな場所では、浅深域の水の入れ替えがさかんになり栄養分がよく配分され、豊かな海洋環境が育まれる。さらには知床連山の広大な森から数々の河川を介して陸域の栄養がもたらされ、オホーツク海から流れこんでくる膨大な流氷がこの海域の基礎生産性を高く保っている」と笹森琴絵が紹介する。[36]

そして近年は、さかんになる観光にあわせて個体識別調査が進められ、現在、およそ660個体ほど（東海大学の大泉宏・私信）が、1970年代にカナダ、アメリカの太平洋岸ではじまったのと同様の背びれとサドルパッチの形によって識別されるにいたっている。そのなかには繰りかえし観察される個体もいれば、通過個体のように目撃が一度きりのものもある。とすれば、同じ知床半島沿岸に姿を現すシャチたちのすべてが、上記の相泊港で死んだものと同じ暮らしをしているわけではないだろう。

「その後も、アザラシや鯨類を襲うシャチの情報が得られたが、シャチが海生哺乳類を捕食する行動は船などから見られるため、海生哺乳類食性のシャチのほうが捕食行動が観察されやすいという偏りがある。……さらに羅臼沖で観察したミンククジラが近寄ってきたシャチに対して逃げるような反応をせず、いっしょに泳いでいたことも観察されており、このシャチがクジラを狙っていたことは考えにくく、やはり魚食性のシャチもいるように考えられた」と三谷曜子が紹介する。[32]

私自身が釧路沖や羅臼沖で撮影したシャチのなかには、フック型のサドルパッチをもつものがおり、魚食性のシャチがいるであろうことは、以前から予想しうることでもあった。ただ、知床半島を含む道東海域に魚食性のシャチがいるとしても、アラスカ、カナダで見られるように膨大な群れをなして来遊するサケ・マス——海面近くでシャチに捕食されることも多い——が獲物ではなく、おそらくはホッケやタラ類、あるいはカレイ類がおもな獲物として予想され、海面近くで観察される機会はけっして多くはないだろう。

知床半島沿岸を泳ぐシャチ。後方の個体のサドルパッチはフック型。フック型のサドルパッチは、北部北太平洋に広く分布するレジデントで知られている。

　2011年に複数の大学からの研究者が集まって、シャチの基礎的知見を蓄積することを目的に北海道シャチ大学連合（Uni-HORP）がたちあげられ、日本での野生下での本格的な研究がスタート、2021年になってようやく知床半島沿岸に来遊するシャチの遺伝学的知見が報告された[32,37]。

　報告では、2013〜17年の間に、網走沖で1個体、釧路沖で4個体、羅臼沖で3個体から採取された皮膚片を試料としてミトコンドリアDNA（これまでも紹介しているDループ領域と隣接領域）を分析した結果が示された。それによれば、網走沖の1個体、釧路沖でスジイルカかハンドウイルカと思われるイルカを捕食していた1個体は、トランジェントに見られるハプロタイプ（遺伝子の特徴的な配列）を、釧路沖のほかの3個体と羅臼沖の3個体は、レジデントあるいはオフショアの魚食性のものに見られるハプロタイプをもつことが確かめられた（ただし、極東ロシアでの調査では、オフショアのハプロタイプをもつものは見つかっておらず、とすればレジデントと考えるのが妥当かもしれない）。

　この成果は、世界のシャチ生態型ジグソーパズルのなかで、空白のまま残されていた日本近海を埋めてくれるはじめての1ピースになったといっていい。

173

最終氷期極大期における避難場所として

　その後、北海道を含む日本沿岸が、西部北太平洋のシャチたちの進化史のなかで大きな役割を果たした可能性を示唆する興味深い報告が、第3章で紹介した「Colonizing the Wild West 西方への入植」という論文（2018）の著者である Filatova らから最近発表された[38]。

　ちなみに「Colonizing the Wild West」は、アラスカやカナダ沿岸、あるいはオホーツク海やカムチャッカ半島沿岸に生息するシャチたちの遺伝的多様性が、アリューシャン列島沿岸に生息するシャチたちのそれにくらべてずいぶん乏しいことを証左に、氷期には北東太平洋（アメリカ、カナダ側）および北西太平洋（ロシア側）では大陸とそれにつづく海域が氷におおわれたため、シャチが氷の少ないアリューシャン列島付近に押しやられ、氷期が終わったときに現在、生息する海域まで分布域を広げたことを説いたものだった。北東太平洋、北西太平洋のシャチの遺伝的な多様性が、アリューシャン列島のそれにくらべて低いのは、入植してからの時間の短さによるとする。

　しかし、北米大陸の太平洋岸に生息するシャチたちにとって、アリューシャン列島方面だけが氷期の避難場所であったわけではなく、太平洋の東側ではオレゴン州〜カリフォルニア州沿岸など、より南方への避難が考えられたように、ロシア海域に生息したシャチたちにとっても、アリューシャン列島方面への避難だけでなく南方へ、つまりは千島列島を経て北海道近海へ避難する方法もあっただろう。

　Filatova らは2021〜22年にかけて、根室海峡で採取された11個体のレジデント（のハプロタイプをもつ個体）のミトコンドリアDNAのDループ領域をさらに詳細に分析した。

　北太平洋に広く生息するレジデントについては、アメリカ本土沿岸からカナダ、アラスカ沿岸からアリューシャン列島を経てカムチャッカ半島沿岸にいたるまで、Dループ領域に見られるハプロタイプはたった3型（それもそれぞれひとつの塩基が異なるだけだ）しか見つかっていないことは先述のとおりだ。また、上記の海域のなかで、3つの型が同時に見つかっている場所は存在しないこともわかっている。

　今回、Filatova らによって、根室海峡の11個体からは既知の3つのハプロタイプのうちの2つと、それとは別にこれまで知られていない新規の型が見

つかった。とすれば、（少なくともレジデントタイプのものに関する限り）根室海峡のシャチだけで北太平洋に広く生息するレジデント全体と同じくらいの遺伝的多様性をもっていることになる。これは、道東海域が北西太平洋のシャチたちにとっての氷期の避難場所になっていた可能性を示唆する。

今後の興味は道東において、レジデントおよびトランジェントのハプロタイプをもつとされたシャチたちが、北米大陸からアリューシャン列島を越えて極東ロシアまで分布するレジデントあるいはトランジェントたちとどう関わりあうのか（少なくとも極東ロシア海域のレジデントやトランジェントとの交流が続いているのか、あるいは独立した亜個体群と考えられるのか）である。

さらには、日本は和歌山県の太地町でもシャチが捕獲されていると同時に、沖縄など南日本でもシャチが目撃されている。これらが、道東の（少なくとも遺伝的なプロフィールが描きだされはじめた）シャチたちと同様に、北部北太平洋に生息するシャチたちとつながりがあるのか、あるいは太平洋の熱帯域に生息するシャチたちとのつながりが強いのかについても興味は尽きない。

ちなみに、以前和歌山県太地町で捕獲されたシャチの写真を見る限り、サドルパッチの白がきわめて淡いように見える。太平洋の熱帯〜亜熱帯域で目撃されるシャチのサドルパッチの白が概して淡いこととなんらかのつながりがあるのかもしれない。いずれにせよ、南日本で捕獲されたシャチの骨格や歯は保存されているものもあり、日本近海に来遊するシャチたちの暮らしぶりと遺伝子情報がよりくわしく調べられることで、少し前まで“空白地帯”だった西部太平洋のピースを埋めつつ、Morin や Foote、あるいは Moura らが世界のシャチ研究者と協力しあって描きだしつつある「世界のシャチがたどった道」を、さらに色鮮やかに描きだすことが可能になるのだろう。

[1] Hoelzel, A. R. & Dover, G. A. 1991. Genetic differentiation between sympatric killer whale populations. Journal of Heredity 66: 191-195.

[2] Hoelzel, A. R., Dahlheim, M. E. & Stern, S. J. 1998. Low genetic variation among killer whales (*Orcinus orca*) in Eastern North Pacific and genetic differentiation between foraging specialists. Journal of Heredity 89: 121-128.

[3] Hoelzel, A. R., Natoli, A., Dahlheim, M. E., Olavarria, C., Baird, R. W. & Black, N. A. 2002. Low worldwide genetic diversity in the killer whale (*Orcinus orca*): Implications for demographic history. Proceedings of the Royal Society of London Series B 269: 1467-1473.

[4] Whitehead, H. 1998. Cultural selection and genetic diversity in matrilineal whales. Science 282: 1708-1711.

[5] Whitehead, H. 2005. Genetic diversity in the matrilineal whales: Models of cultural hitchhiking and group-specific non-heritable demographic variation. Marine Mammal Science 21(1): 58-79.

[6] Whitehead, H., Vachon, F. & Frasier, T. R. 2017. Cultural hitchhiking in the matrilineal whales. Behavior Genetics 43(3): 324-334.

[7] LeDuc, R. G., Robertson, K. M. & Pitman, R. L. 2008. Mitochondrial sequence divergence among Antarctic killer whale ecotypes in consistent with multi species. Biology Letters 4: 426-429.

[8] Foote, A. D., Newton, J., Piertney, S. B., Willerslev, E. & Gilbert, M. T. P. 2009. Ecological, morphological and genetic divergence of sympatric North Atlantic killer whale populations. Molecular Ecology 18(24): 5207-5217.

[9] Morin, P. A., Archer, F. I., Foote, A. D., Vilstrup, J., Allen, E. E., Wade, P., Durban, J., Parsons, K., Pitman, R., Li, L., Bouffard, P., Nielsen, S. C. A., Rasmussen, M., Willerslev, E., Gilbert, M. T. P. & Harkins, T. 2010. Complete mitochondrial genome phylogeographic analysis of killer whales (*Orcinus orca*) indicates multiple species. Genome Research 20: 908-916.

[10] Morin, P. A., Parsons, K. M., Archer, F. I., Avila-Arcos, M. C., Barrett-Lennard, L. G., Rosa, L. D., Duchene, S., Durban, J. W., Ellis, G. M., Furguson, S. H., Ford, J. K., Ford, M. J., Carilao, C., Gilbert, T. P., Kaschner, K., Matkin, C. O., Petersen, S. D., Robertson, K. M., Visser, I. N., Wada, P. R., Ho, S. Y. W. & Foote, A. D. 2015. Geographic and temporal dynamics of global radiation and diversification in the killer whale. Molecular Ecology 24: 3964-3979.

[11] Bruyn, P. J. D., Tosh, C. A. & Terauds, A. 2013. Killer whale ecotype: Is there a global model? Biological Review 88: 62-80.

[12] Foote, A. D., Morin. P. A., Durban, J. W., Willersleve, E., Orlando, L., Thomas, M. & Gilbert, P. 2011. Out of the Pacific and back again: Insights in the matrilineal history of Pacific killer whale ecotypes. PLoS One 6(9): e24980.

[13] Moura, A. E., Kenny, J. G., Chaudhuri, R. R., Hughes, M. A., Welch, A. J., Reisinger, R. R., Bruyn, P. D., Dahlmeim, M. E., Hall, N. & Hoelzel, A. R. 2014. Population genomics of the killer whale indicates ecotype evolution in sympatry involving both selection and drift. Molecular Ecology 23(21): 5179-5192.

[14] Moura, A. E., Kenny, J. G., Chaudhuri, R. R., Hughes, M. A., Reisinger, R. R., Bruyn, P. D., Dahlmeim, M. E., Hall, N. & Hoelzel, A. R. 2015. Phylogenomics of the killer whale indicates ecotype divergence in sympatry. Journal of Heredity 114: 48-55.

[15] Foote, A. D. & Morin, P. A. 2016. Genome-wide SNP data suggest complex ancestry of sympatric North Pacific killer whale ecotypes. Journal of Heredity 117: 316-325.

[16] Moura, A. E.,Van Rensburg, C. J., Pilot, M., Tehrani, A., Best, P. B., Thornton, M., Plon, S., De Bruyn, P. J. N., Worley, K. C., Gibbs, R. A., Gahlmeim, M. E. & Hoelzel, A. R. 2014. Killer whale nuclear genome and mtDNA reveal widespread population bottleneck during the Last Glacial Maximum. Molecular Biology and Evolution 31: 1121-1131.

[17] Filatova, O. A., Borisova, E. A., Meschersky, I. G., Logacheva, M. D., Kuzkina, N. V., Shapak, O. V., Morin, P. A. & Hoyt, E. 2018. Colonizing the wild west: Low diversity of complete mitochondrial genomes in Western North Pacific killer whales suggests a founder effect. Journal of Heredity 2018: 735-743.

[18] Foote, A. D., Martin, M. D., Louis, M., Pacheco, G., Robertson, K. M., Sinding, M. S., Amaral, A. R., Baird, R. W., Baker, C. S., Balance, L., Barlow, L., Brownlow, A., Collins, T., Constantine, R., Dabin, W., Rosa, L. D., Davison, N. J., Durban, J. W., Esteban, R., Ferguson, S. H., Gerrodette, T., Guinet, C., Manson, M. B., Hoggard, W., Matthews, C. J. D., Samarra, F. I. P., Stephanis, R.

D., Tavaes, S. B., Tixier, P., Totterdell, J. A., Wade, P., Excoffier, L., Gilbert, M. T. P., Wolf, J. B. W. & Morin, P. A. 2019. Killer whale genomes reveal a complex history of recurrent admixture and variance. Molecular Ecology 28(14): 3427-3444.

[19] Pilot, M., Dahlheim, M. E. & Hoelzel, A. R. 2010. Social cohesion among kin, gene flow without dispersal and the evolution of population genetic structure in the killer whale (*Orcinus orca*). Journal of Evolutionary Biology. 23: 20-31.

[20] アンドレ・モウラ. 2019.「遺伝子研究からみたシャチの多様性と進化」(『世界で一番美しい シャチ図鑑』誠文堂新光社)

[21] Riesch, R., Barrett-Lennard, L. G., Ellis, G. M., Ford, J. K. B. & Deecke, V. B. 2012. Cultural traditions and the evolution of reproductive isolation: Ecological speciation in killer whale? Biological Journal of the Linnean Society 106(1): 1-17.

[22] Foote, A. D., Vijay, N., Ávila-Arcos, M., Baird, R., Durban, J. W., Fumagalli, M., Gibbs, R. A., Hanson, M. B., Korneliussen, T. S., Martin, M. D., Robertson, K. M., Sousa, V. C., Vieira, F. G., Vinar, T., Wada, P., Workey, K. C., Excoffier, L., Morin, P. A., Gilbert, T. P. & Wolf, J. B. W. 2015. Genome-culture coevolution promotes rapid divergence of killer whale ecotypes. Nature Communications 7: 11693.

[23] Wade, P. R. & Gerrodette, T. 1993. Estimates of cetacean abundance and distribution in the Eastern Tropical Pacific. Report of the International Whaling Commission 43: 477-493.

[24] Guerrero-Ruiz, M., Pérez-Cortés, H. M., Salinas, M. Z. & Urba'n, J. R. 2006. First mass stranding of killer whales (*Orcinus orca*) in the Gulf of California, Mexico. Aquatic Mammals 32(3): 265-272.

[25] Morin, P. A., LeDuc, R. G., Robertson, K. M., Hedrick, N. M. & Perrin, W. F. 2006. Genetic analysis of killer whale (*Orcinus orca*) historical bone and tooth samples to identify Western U. S. ecotypes. Marine Mammal Science 22(4): 897-909.

[26] Vargas-Bravo, M. H., Elorriaga-Verplancken, F. R., Olivos-Ortiz, A., Morales-Guerrero, B., Liñán-Cabello, M. & Ortega-Ortiz, C. D. 2021. Ecological aspects of killer whales from the Mexican Central Pacific coast: Revealing a new ecotype in the Eastern Tropical Pacific. Marine Mammal Science 37(2): 674-689.

[27] Pacheco, A. S., Castro, C., Carnero-Huaman, R., Villagra, D., Pinilla, S., Denkinger, J., Palacios-Alfaro, J. D., Sánchez-Godinez, C., González-Ruelas, R., Silva, S., Alcorta, B. & Urbán, J. R. 2019. Sighting of an adult male killer whale match humpback whale breeding seasons in both hemispheres in the Eastern Tropical Pacific. Aquatic Mammals 45(3): 320-326.

[28] Baird, R. W., McSweeny, D. J., Bane, C., Barlow, J., Salden, D. R., Antoine, L. K., LeDuc, R. G. & Webser, D. L. 2006. Killer whales in Hawaiian waters: Information on population identity and feeding habits. Pacific Science 60(4): 523-530.

[29] Ford, J. K. B., Ellis, G. M., Barrett-Lennard, L. G., Morton, A. B., Palm, R. S. & Balcomb III, K. C. 1998. Dietary specialization in two sympatric population of killer whales (*Orcinus orca*) in coastal British Columbia and adjacent waters. Canadian Journal of Zoology 78(8): 1456-1471.

[30] Hanson, M. B. & Walker, W. A. 2014. Trans-Pacific consumption of cephalopods by North Pacific killer whales (*Orcinus orca*). Aquatic Mammals. 40(3): 274-284.

[31] Newsome, S. D., Etnier, M. A., Monson, D. H. & Fogel, M. L. 2009. Retrospective characterization of ontogenetic shifts in killer whale diets via $\delta13C$ and $\delta15N$ analysis of teeth. Marine Ecology Progress Series 374: 229-242.

[32] 三谷曜子. 2023.「道東のシャチの生態型」(『シャチ生態ビジュアル百科　第2版』 誠文堂新光社)

［33］谷田部明子．2015．「道東のシャチは何を食べているか」（『シャチ生態ビジュアル百科』誠文堂新光社）

［34］谷田部明子，天野雅男，窪寺恒己，山田格．2007．北海道羅臼町にマスストランディングしたシャチの胃内容物．（『シャチの現状と繁殖研究にむけて』鯨研叢書14．加藤秀弘，吉岡基編．日本鯨類研究所）

［35］Yamada, T. K., Uni, Y., Amano, M., Brownell, Jr., R. L., Sato, H., Ishikawa, S., Ezaki, I., Sasamori, K., Takahashi, T., Masuda, Y., Yoshida, T., Tajima, Y., Makara, M., Arai, K., Kakuda, T., Hayano, A., Sone, E., Nishida, S., Koike, H., Yatabe, A., Kubodera, T., Omata, Y., Umeshita, Y., Watarai, M., Tachibana, M., Sasaki, M., Murata, K., Sakai, Y., Asakawa, M., Miyoshi, K., Mihara, S., Anan, Y., Ikemoto, T., Kajiwara, N., Kunisue, T., Kamikawa, S., Ochi, Y., Yano, S. & Tanabe, S. 2007. Biological indices obtained from a pod of killer whales entrapped by sea ice off northern Japan. (SC/59/SM12) IWC Scientific Committee.

［36］笹森琴絵．2015．「シャチに出会える海 —— 北海道羅臼沿岸」（『シャチ生態ビジュアル百科』誠文堂新光社）

［37］Mitani, Y., Kita, Y. F., Saino, S., Yoshioka, M., Ohizumi, H. & Nakahara, F. 2021. Mitochondrial DNA haplotypes of killer whales around Hokkaido, Japan. Mammal Study 46(3): 1-7.

［38］Filatova, O. A., Fedutin, I. D., Borisova, E. A., Meschersky, I. G. & Hoyt, E. 2023. Genetic and cultural evidence suggests a refugium for killer whales off Japan during the Last Glacial Maximum. Marine Mammal Science: DOI:10.1111/mms.13046.

| 第 7 章 |

シャチに未来はあるか

大量死が教えるもの

　本書ではこれまで、世界のシャチが更新世の氷期に極端に個体数を減らし、その後、氷の後退とともに、世界の各地に分布域を広げながらさまざまな生態型に分化してきた跡を、多くの研究者の仕事をもとに描きだしてきた。しかし、この人新世において、ほかの多くの野生動物と同様にシャチもまた（少なくともいくつかの個体群や生態型では）個体数を減らしているのも事実である。

　これまでシャチ（を含む多くの野生動物）は、地球の環境の変動にあわせて、ときに極端ともいえる増減さえ繰りかえしてきた。そうした変動と、いま人新世に野生動物が直面している問題と大きく異なるのは、変動の速度があまりに急速であり、生物が自身の暮らし方を変える（進化する）ことで対応することがむずかしいものであり、過去の減少をいまふり返って「ボトルネック」と呼べるように、そのあとにふたたび回復することがほぼ望めないことだといっていい。

*

　1980 年代以降には、世界の各地（とりわけ地中海や北大西洋沿岸）で、イルカやアザラシの大量死が起こってきた。1987〜88 年には、アメリカ東海岸のフロリダ州からニュージャージー州にかけて、総計 2500 頭に達するハンドウイルカの死体が打ちあげられ、シベリアのバイカル湖ではバイカルアザラシの 8000 頭にのぼる大量死が確認された。また 1988 年には、北海、バルト海で 1 万 8000 頭にのぼるゼニガタアザラシが、1990 年にはスペイン、フランス、イタリアの地中海沿岸で、合計 1 万頭以上のスジイルカが大量死した。

　大量死の直接的な原因はいずれも、内臓がウィルスに冒されたことだったが（アメリカ東海岸に打ちあげられたハンドウイルカでは、脾臓の肥大や気管支

炎が数多く認められている)、健康な動物なら感染しないはずのウィルスであったため、根本的な原因は別にあると考えられた。同時に当時、直接的な因果関係は確かめられなかったものの、死んだイルカやアザラシの体内に PCBs(ポリ塩化ビフェニル)などの有機塩素系化合物が高い濃度で蓄積していることが明らかになった。

PCBs などの有機塩素系化合物が体内に蓄積した場合の、生体への影響とそのメカニズムはくわしく知られてはいなかったにせよ、1968 年に北九州で起こったカネミ油症事件(米ぬか油の製造過程で PCBs が混入、それを食べた人びとに重度の中毒が発生)を経験したあとになって、生体の健康に甚大な影響を与えることは容易に予想されるところである。

PCBs は、コンデンサーなどの絶縁材や冷却材として一時は世界中で広く使用され、1930 年以降で 100 万〜150 万トンが生産されたと見積もられている。ただ、その有害性が認められて、国や地域によって多少の差はあるものの、1970〜80 年代に製造・使用が禁止されるにいたっている。

ちなみに、海生哺乳類に有機塩素系化合物および重金属が高濃度に残留、蓄積する可能性は、1980 年代以前から立川涼博士(当時、愛媛大学)や宮崎信之博士(当時、国立科学博物館)が注目、なかでも日本近海のハクジラ類に高い濃度で残留、蓄積していることを明らかにして、世界から注目を集めていた。その後、一連のイルカやアザラシの大量死をきっかけに、海生哺乳類の体に有機塩素系化合物や重金属が高い濃度で蓄積していることが各地からつぎつぎに報告されはじめた。

セントローレンス湾のベルーガ

1980 年代に入ると、PCBs をきわめて高い濃度で蓄積している鯨類の例として、北米大陸の東海岸セントローレンス川河口に生息するベルーガ(シロイルカ)が注目されるようになった。ベルーガは北極海に生息する種だが、ほかの個体群から隔離された個体群が、セントローレンス川河口域に生息する。

人工稠密地に囲まれた五大湖に源をもち、さまざまな化学物質が含まれた排水が流れこむセントローレンス川の河口にすむベルーガは、当時、鯨類のなかでも"汚染化学物質をもっとも蓄積した個体群"といわれてきた。私自身、セントローレンス湾のベルーガと長く関わってきた免疫学者ピエール・ベランの

180 第 7 章 シャチに未来はあるか

著作『Beluga: A Farewell to Whales』[1]を邦訳したことがきっかけになって、このベルーガたちがたどった道には強い興味と懸念を抱いてきた。

生体内に PCBs などの有害化学物質が高濃度に蓄積したときの影響が完全にわかっているわけではないが、生殖機能の障害、発がん性、免疫不全、催奇性などが実験動物による研究からも報告されている[2]。

ちなみに、セントローレンス川河口のベルーガについてのまとまった研究は、1996 年に発表された Muir らのもので、雄では 79 ppm、雌で 30 ppm に達することがわかった。この海域に生息するベルーガの個体群は、かつて5000 頭を数えたが、出生率が低下、現在では 400 頭前後まで激減した。死亡個体には、各部位の腫瘍、脊椎骨の奇形、生殖障害（卵巣の異常など）が高い頻度で認められている[3]。

また、かつてイルカの大量死を経験している地中海からは、さらに驚くべき数値が報告される。それはスジイルカが 282 ppm もの高濃度で PCBs を蓄積していたとするものである[4]。

じつは PCBs の製造や使用が禁止されて以降、各地で継続してモニターされてきた動物への蓄積の濃度は、1990 年代にゆるやかに減少してきたものの、とりわけ鯨類に代表される海生哺乳類については、蓄積の濃度は高いままで下げどまっている。以前に製造されたコンデンサーなどの製品から漏れだす例も報告されているが、それ以上に、海生哺乳類においてより高濃度で蓄積する必然的な理由がある。

1）陸上で使用され、環境中に放出された有機塩素系化合物は、いずれは海洋に流れだすこと。

2）とりわけハクジラ類や鰭脚類については、陸域生態系に見られる食物連鎖より、一般的には食物連鎖が長い海域生態系の頂点に位置すること。

3）海生哺乳類は、冷たい海中で体温を保つために、断熱材として脂肪を体にまとっている。その脂肪が、PCBs や DDTs（ジクロロジフェニルクロロエタン）など有機塩素系化合物と親和性が高く、そうした化学物質の蓄積場所になりやすいこと。

4）海生哺乳類、とりわけ鯨類は 6600 万年前にはじまった新生代に入ってきわめて早い段階で陸上哺乳類と袂を分かち、海に生活場所を移したこと。

一方、陸上では植物は動物にできるだけ食べられないように毒性物質（アル

カロイド）を発達させ —— 多くの薬物が植物からつくられるのはそのためだ —— 他方、動物のほうは餌となる植物からやってくる化学物質を無毒化させる酵素を発達させる共進化をとげてきた。そのために陸上哺乳類の多くは、体外からやってくる毒性のある化学物質を解毒する酵素を多かれ少なかれ発達させてきた。しかし、進化の早い段階から陸上動物と袂を分かった鯨類は、そうした酵素をほとんど発達させていないか、その活性がきわめて低いこと、があげられると、愛媛大学の野見山桂が紹介する[5,6]。

　PCBs を含む POPs（残留性有機汚染物質）を特徴づけるのは、「有害性」のほか、環境のなかで分解されにくい「難分解性」、食物連鎖を通して蓄積されていく「高蓄積性」、地球上を広く移動していく「長距離移動性」といえる。

　シャチについては、とりわけ人口稠密地に近い海に生息する個体群では、その生態的地位から考えても、相当に高い濃度で蓄積していることは容易に予想できることではあったが、2000 年に北米北西岸に生息するシャチ個体群に残留・蓄積する PCBs について、Ross らが包括的な報告を行った[7]。

　それによれば、北部レジデントの雄では 37 ppm，雌で 9 ppm、南部レジデントの雄で 146 ppm，雌で 55 ppm、トランジェントの雄では 251 ppm、雌で 59 ppm に達することがわかった。つまりは、これまで世界中の注目を集めたセントローレンス湾のベルーガ以上に、さらには Aguilar らが報告した地中海のスジイルカと同等のレベルで蓄積していたのである。

　北部レジデントにくらべて南部レジデントでの蓄積が高いのは、北部レジデントの主たる生息場所であるジョンストン海峡を含むブリティッシュ・コロンビア州の沿岸より、南部レジデントの主たる生息場所であるピュージェット湾やファン・デ・フカ海峡が、シアトルやビクトリア、あるいはバンクーバーといった近くに大都市をひかえた閉鎖水域であることが理由だろう。ただし Ross らは、レジデントたちの主たる獲物は北太平洋を広く回遊するキングサーモンであり、ほかの場所（たとえばアジア側）から北太平洋に広く拡散される化学物質に由来する可能性についても触れている。

　一方、トランジェントがレジデントにくらべて汚染濃度が高いのは、いうまでもなくアザラシやイルカという、栄養段階のより高位のものを食べているからだ。Ross らが対象にしたトランジェントを含む北西岸トランジェント（ときにはヒゲクジラも襲い、近年はイカを捕食する可能性も指摘されている）に

くらべて、アラスカ、プリンス・ウィリアム湾のなかにすむ AT1 トランジェント（湾内のゼニガタアザラシやイシイルカのみを捕食する）の、窒素同位体比が高い——つまりはより栄養段階が高いものを食べていると推測される——ことは前章で紹介したが、とすれば AT1 トランジェントでさらに高い汚染化学物質の蓄積が予想される。じっさい座礁した AT1 トランジェントからは 370 ppm の PCBs が検出されたことがある。

世代を超えた蓄積

　雌のほうが雄よりも蓄積濃度が低いことについては、上記のピエール・ベランや立川涼博士、同じく愛媛大学の田辺信介博士、宮崎信之博士らが当初より指摘していたことである。

　雄も雌も年齢を重ね、自分で餌をとるようになって以来、餌生物経由で汚染化学物質を体内に蓄積していくことになる。ただ雌では、最初の出産までは雄と同様に成長とともに自身の体内への蓄積量を増やしていくが、第 1 子の妊娠、出産時に、自身が蓄積していた化学物質を胎児に移して

トランジェントに特徴的な尖った背びれを見せるプリンス・ウィリアム湾の AT1 グループ。1984 年以来、この個体群には新たな子どもが生まれていない。

しまうと同時に、その後は授乳を通してさらに子に汚染物質を与えつづけることになる（脂肪分に富んだ乳は、有機塩素系化合物をよく溶かしこむ）。こうして、母親は授乳を通して自分が摂取する有機塩素系化合物のおよそ 60％ を子に移すともいわれている。

　一方、子どものほうは生まれたときからすでにある程度 POPs を蓄積しており、授乳によってさらに母親から受けとりながら、離乳のあとは、自分がとる餌を通してさらに高濃度に蓄積されていく。そのため、子のほうが圧倒的に高い濃度で POPs を蓄積しているのが常で、化学物質によっては母親の 8.9〜

17.6 倍もの濃度で蓄積していた例も知られている。

　ちなみにカナダ、アメリカの太平洋岸に生息するレジデントのシャチでは、雌は 12〜13 歳で最初の子を産み、そのあと 40 歳を迎えるころまで、3〜8 年間隔で出産する。母親が餌を通して自身の体に POPs を蓄積する期間を考えれば、とりわけ第 1 子は、生まれたときからより高濃度の POPs を保持する宿命を背負っている[8]。さらに雌は、閉経を迎え（シャチの雌が閉経後も長く生きることはすでに紹介したとおりだ）、新たに子を産まなくなると、ふたたび雄と同じように採餌する年数とともに蓄積濃度を高めていく。

　ここに、食物連鎖による濃縮というメカニズムのほかに、世代を超えて汚染科学物質が濃縮されていくもうひとつのメカニズムがあることを知る。そのことは、新たな汚染物質が完全に排出されなくなったとしても、すでに環境中やさまざまな生物の体に蓄積された POPs が——いずれは海洋に流れだすことは紹介したとおりだ——シャチに代表される海生哺乳類の体で濃縮されつづけることを意味している。

　じっさい PCBs の使用が世界的に禁止されてすでに 40 年以上が経過しているにもかかわらず、海洋生態系の高位に位置し、さらに長いライフスパンをもつシャチに現在でも高い濃度に濃縮される形で蓄積されており、こうした事態は今後 100 年以上にわたってつづくだろうと予想される。

　当然のことながら、日本近海のシャチについても懸念は尽きないが、2005 年に知床半島沿岸で氷に閉じこめられて死んだシャチについては詳細に調べられ、雄や未成熟個体で 90 ppm，雌で 70 ppm（南部レジデントとほぼ同等のレベルだ）の PCBs を蓄積していることがわかった[9]。

　海生哺乳類（とくにバルト海のワモンアザラシ）を対象に、どの程度の PCBs の蓄積がどんな影響をもたらすかについては、Kannan らによって調べられているが、9 ppm から影響が出はじめ、41 ppm で重大な生殖障害をもたらすことがわかっている[10]。2005 年に調べられた知床半島沿岸のシャチたちについては、すでにこの閾値を超えていること、つまりは知床半島沿岸のシャチたちがおそらくはすでに重大な生殖障害を背負っているであろうことは、もっと注目されるべきであったはずだ。

　さらに海生哺乳類に蓄積する汚染化学物質についての懸念とそれに関する報告は、これまでアザラシやイルカの大量死が起こっている北大西洋や地中海に

おいて数多く行われてきた。なかでも近年の包括的な報告のひとつは、第4章で紹介した2016年のJepsonらによる、地中海西部からジブラルタル海峡が、PCBs汚染の世界的な"ホットスポット"になっていることを明らかにしたものである[11]。ジブラルタル海峡やスコットランド、アイルランド沿岸に生息するシャチたちの状況（「汚染化学物質のホットスポットとして」p.114）について、いまここで再読していただきたい。

　また、この原稿を書き終えようとするころ、もうひとつ興味深い報告がなされた。それは北部北大西洋の東部（ノルウェー側）、中部（グリーンランド、アイスランド沿岸）、西部（カナダ北極圏およびカナダ東海岸）に生息するシャチにおいて、PCBsを含むPOPsがどれくらい蓄積されているかを調べたものである。

　カナダ東海岸は、先に紹介したセントローレンス川河口に生息するベルーガでも見たように、五大湖から流れだすさまざまな汚染化学物質の影響をうけていることは容易に想像できることだったが、人口稠密地から遠く離れたカナダ北極圏（バフィン島沿岸）に生息するシャチが、それと同じかそれ以上の高濃度で蓄積していることが明らかになった。そのことは、先に紹介したPOPs類の「難分解性」と「長距離移動性」とが、ほんとうに厄介な問題であることを示すものである。

　このRemiliらの報告[12]を大雑把に総括するなら、PCBsについて、西部北大西洋のシャチでは100 ppm、中部北大西洋のシャチでは50 ppm、東部北大西洋のシャチでは10 ppmに達する濃度で蓄積しているといえる。すなわち、前2地域ではすでに重大な生殖障害が現実のものになっているレベルのものであることを思いだしてほしい。

　ちなみに、これらの地域間の違いをつくりだしている最大の要因は、東部北大西洋（ノルウェー沿岸）のシャチがおもにニシンを食べているのに対して、西部北太平洋でもカナダ東海岸ではおもに小型ハクジラ類やヒゲクジラ類を、カナダ北極圏ではアザラシ類を捕食していることである（アイスランド周辺ではニシン食のものやアザラシ食のものが混在する）。

　ヒゲクジラ類は、オキアミや比較的小型の魚類を捕食する。それに対して、小型ハクジラ類やアザラシ類は、それよりはいくぶん大きい（栄養段階の高い）魚類を捕食することが多い。私たちは、同じ海生哺乳類食といえども、ヒ

ゲクジラ類を襲うものたちより、小型ハクジラ類やアザラシを捕食するシャチたち（アラスカ、プリンス・ウィリアム湾にすむ AT1 トランジェントもそうだ）に、汚染化学物質が高濃度に蓄積していることを知る。そして、PCBs が世界で使われなくなってから久しいけれど、いまも深刻な汚染が —— 人間の産業活動によってさまざまな化学物質が排出された場所からは遠く離れた地でさえ —— 継続中であることをあらためて思い知らされるのである。

　今後、世界のシャチたちはほんとうに生き残っていけるのか。それについては 2018 年にデンマークの Desforges らが、衝撃的な報告を行った。

　それは、世界各地（29 海域）のそれぞれの海域での個体数の変動と彼らが蓄積している PCBs の濃度、さらには生殖障害や免疫不全を引き起こすと予想される PCBs 濃度との関係を解析することで、今後 100 年にわたるそれぞれの個体群の変動をシミュレーションしたものである[13]。

　その結果は、アラスカ沿岸、南極海、東部熱帯太平洋やノルウェー沿岸のシャチについては、今後 100 年にわたってわずかな減少もしくは増加が見込まれるが、日本やブラジル沿岸、ジブラルタル海峡やイギリス沿岸、さらには北東太平洋のトランジェントなど、PCBs が高濃度に蓄積しているシャチでは、今後 25 年程度で半減、さらに 100 年後には個体群そのものが崩壊、絶滅する可能性を指摘するものである。

　さらに、このシミュレーションモデルは、今後起こりうる極端な気候変動や新たな人為的な影響は考慮されていない。とすれば、現実は Desforges らの予想以上に、悲観的なものになる可能性のほうが高いと考えざるをえない。

　このことは、たんに世界のシャチの全体の個体数が多少変動する、という意味にとどまるものではない。私たちのひとつの地域社会が消滅するのと同様に、独自の文化や伝統を育んできた集団が、未来永劫地球上から消え去ることを意味する。

　前章で、世界のシャチがたどってきた道について論じてきた。それをもう少し長い時間軸のなかで俯瞰すれば、種が分化するという生物学の一大テーマが進行している一局面を、じっさいに目にしているともいえる。これまで何万年という時間のなかで起こってきたできごとは、本来ならそのまま未来へとつながっていくはずなのだが、人為によって今後 100 年にも満たない刹那のなかで、いくつかの枝はまちがいなく消滅する。この不条理さはあらためて指摘さ

れるべきだろう。

餌をめぐる窮状

　世界のシャチが直面する問題は、そのほかにも数多くある。ひとつは、漁業活動や生息環境の劣化、あるいは気候変動によって、餌生物が極端に減少していることに由来するものだ。漁船から獲物を横どりすることで辛うじて命脈を保っているジブラルタル海峡 (p.112) や南大洋のクロゼ諸島 (p.133) のシャチたちについては、第4章および第5章で紹介したとおりだ。南極のロス海を中心に生息するタイプCも、主要な獲物であるライギョダマシ漁がさかんになるにつれて、より小さなコオリイワシ類をより多く食べるようになっていることも紹介した。

　そしてもう1群、その窮状を理解すべきは、シャチ研究の嚆矢ともなり、本書でも最初に紹介したカナダおよびアメリカ、ワシントン州の太平洋岸に生息する南部レジデントについてだろう。

　南部レジデントは第1章で紹介したが、1996年には全体で97頭いたものが、1990年代後半に出生率は急激に低下し、2001年には78頭にまで減少した。その原因は汚染化学物質の体内への蓄積や、頻繁な海上交通による海中騒音なども考えられているが、最大の原因は慢性的な餌不足である。

　一般に魚食性といわれるレジデントのなかでも、彼らがもっとも餌生物として頼っているのが、カナディアンロッキーに源をもちバンクーバーの町中でジョージア海峡に流れこむフレーザー川を故郷にもつキングサーモンで、とくに初夏から秋口にはフレーザー川に遡上するために内海に集まる魚群が貴重な餌資源になっている。

　一方、冬から初春にかけては、同じくロッキー山脈に源をもち、南下して流れたあとアメリカ、ワシントン州とオ

レゴン州の国境を流れて太平洋に流れだすコロンビア川を故郷にもつキングサーモンが貴重になる。長いコロンビア川に遡上するキングサーモンは、遡上の旅のための脂肪をたっぷりと蓄えて、とくに餌が少なくなる冬期には貴重な餌資源になる。いずれにせよ、南部および北部レジデントが必要とするエネルギーの70％はキングサーモンに頼っている[14,15]。

フレーザー川は大都市バンクーバーの近くに広大な三角州地帯を形成してジョージア海峡に流れこむが、三角州地帯の85％はすでに開発によって失われ、キングサーモンを含めフレーザー川とその河口にすむ100種以上の生物が絶滅の淵に追いこまれている。さらに、温暖化によって上流での降雪の減少や干魃が川の水量を減らし、さらには彼らが育つ海の水温上昇が、キングサーモンの餌資源を激減させている。

一方、コロンビア川については、上流にある支流スネーク川に複数のダムが建設されて以来、この川に遡上するキングサーモンが激減した。さらにこの両水系だけでなく、南部レジデントの行動圏の中心でもあるピュージェット湾に流れこむいくつかの水系でも、遡上するキングサーモンが減少している。

慢性的な餌不足が南部レジデントに与える影響を、Wasserらは興味深い方法で追跡した[16]。対象となるシャチに負荷を与えない方法として、彼らはシャチの糞――海中の糞を見つけるのに訓練されたイヌが大きな働きをしたという――からさまざまなホルモンを検出することで、シャチたちの栄養状態や雌が妊娠しているかなどについて2008〜14年にわたって詳細に検証した。

栄養状態が悪くなれば、糖質コルチコイドの値が高くなる。プロゲステロンや性ホルモンであるテストステロンを調べれば妊娠状態もわかる。そして、妊娠したと思われる雌が、18か月とされる妊娠期間のあとに子連れで観察されなければ、その妊娠は出産にいたらなかったか、生まれて早い期間に子どもが死んだことになる。こうして地道なデータの蓄積により、南部レジデントのシャチたちが慢性的な餌不足状態にあることと、それによって69％もの妊娠が出産にいたっていないことも明らかになった。なかには死んだ胎児をお腹にかかえたまま感染によって死んだ雌も報告されている。

南部レジデントの憂鬱

いずれにせよキングサーモンの資源量と、南部レジデントの死亡率の間には

強い相関性があることが明らかになっているが、たんに"餌不足"ということだけではない、もうひとつの要因が考えられる。

餌不足になれば、動物は自分の脂肪を燃やしてエネルギー源にする。そのとき、シャチをはじめとする海生哺乳類なら皮脂にたっぷりと蓄めこんでいたPCBsが血液内に放たれることで、その影響が出やすくなるとする報告もある[17]。餌不足および汚染物質の蓄積という要因はそれぞれ別個に作用するだけでなく、さらに複合的に作用するのである。

本来の生息域の餌不足によるものだろうが、近年、南部レジデントのなかでもKおよびLポッドのシャチが、カリフォルニア沿岸にまで南下して目撃されるようになっていることは第1章でも紹介した。この2ポッドのメンバーは、カナダのフレーザー川水系のキングサーモンが少なくなる冬から春にかけては、コロンビア川水系のキングサーモンを求めて南下することが多くなるが、彼らが同じ南部レジデントのJポッド（あまり南方まで移動しない）のメンバーにくらべてDDTsをより高い濃度で蓄積していることも明らかになった。餌になるキングサーモンを調べても、カリフォルニア沿岸のものはバンクーバー島周辺のものにくらべて、DDTsをより高い濃度で蓄積していた[8]。

こうして南部レジデントは、2001年にはカナダ政府によって、2005年にはアメリカ政府によって"Endangered"に指定されることになった。と同時に、両政府は、南部レジデントの暮らしを守るためのさまざまな方策を打ちだすことになる。主たる方策は、なにより餌になるキングサーモンを増やすことで、養殖場を増やしたり、ダムに魚道を併設してサケが遡上できるようにすることだった。

以来、コロンビア川水系のキングサーモンの数は増えはじめている。この方策が効を奏したことは、自然下で生まれたキングサーモンに対して養殖場で生まれたキングサーモンの数が圧倒的に多いことが示している。そしてシャチたちは、幸いにも自然下生まれのキングサーモンと養殖場生まれのキングサーモンを区別しない。

しかし、南部レジデントが78頭になった2001年以降は、2005年は91頭、2008年は85頭、2022年は73頭と多少の増減を繰りかえしながら、近年は減少傾向がつづいている。それは、個体数を確実に増やしている北部レジデントとはきわめて対照的ともいえる。南部レジデントにとってのキングサー

モンの資源量は懸念されるレベルのままだし、健康に影響をおよぼすレベルで汚染化学物質を蓄めこんでいることはまちがいない。

　さらに海上交通による海中騒音も懸念されるところだ。近くにいる船舶の騒音によって、ただでさえ減少している獲物への彼らの狩りが妨げられる例も数多く明らかになった[18,19,20]。こうした科学的成果は、南部レジデントとほぼ同じく（Kannan らが報告したように）、少なくとも一部には生殖障害を起こすレベルで PCBs を蓄めこんでいたことが確かめられている知床沿岸に来遊するシャチを対象に近年、急激にさかんになっている日本のシャチウォッチングにおいても十分に考慮されるべきだろう（Desforges らによる"100 年モデル"においても、日本周辺のシャチの状況は南部レジデントのそれよりさらに悲観的な未来が予見されている）。

　本書の最初に紹介したサンファン諸島周辺やフレーザー川河口を含むジョージア海峡やピュージェット湾は、「サリッシュ海」（この地域の先住民 Salish 族の名に因む）とも呼ばれ、とくに初夏から秋口までは南部レジデントが集中して観察される海域だった。しかし近年、フレーザー川のキングサーモンが少なくなる冬から春にかけては、K、L ポッドを中心に北は東南アラスカから南はカリフォルニア沿岸まで移動を行うようになっていることを紹介した。p. 13 で紹介した南部レジデント、北部レジデントの行動圏を示した地図は、私がピュージェット湾やジョンストン海峡で観察をしていた 1980 年代の資料をもとにしたものだが、状況は大きく変わりはじめているのかもしれない[21]。

　このおよそ 20 年にわたるサリッシュ海での南部レジデント 3 ポッドの目撃例、目撃頻度を総括すると、夏期においてさえ南部レジデント（とりわけ L ポッド）が、この海域にどどまる頻度が低下していることが確かめられている[22,23]。そのことは、コロナ禍前までは何年かに一度、一介の旅行者としてではあるがサンファン諸島を訪れて観察をしていた者としても、直観的に感じていたことだ。

　いずれにせよ、南部レジデントは鯨類のなかでも"もっとも注意をもって見守るべき"個体群のひとつであることはまちがいない。ホエールウォッチングについては、カナダあるいはアメリカ政府によってウォッチング・ボートを含む船舶は、以前は 200 ヤード（約 180 m）あるいは 200 m、その後は 400

ヤード（約360m）あるいは400mの距離を保つことが求められていたが、ワシントン州は新たに、2025年1月からは1000ヤード（約900m）を保つことを義務づけることになった。本書の冒頭で、かつてサンファン諸島で行ったシャチウォッチングのさまを紹介したが、時代は、そしてシャチをとりまく状況は確実に変わったのである。

懸念される近親交配

遺伝的に独立した個体群の個体数が激減することで懸念されるのは、群れのなかで近親交配が進むことである。

さまざまな社会性のある動物で、群れのなかで生まれた子が成長したときに雄か雌のどちらかが群れを離れる例はしばしば見られる。一番の理由は近親交配を避けるためだ。しかし、少なくともレジデントのシャチは、雄と雌のいずれの子も、成長しても母親と同じポッドにとどまることが知られている。

1970年初頭から長く研究がつづけられてきたカナダ、アメリカ太平洋岸に生息するレジデントについて、ひとつのポッドに属する雄は、ほかのポッドの雌と交尾をして子をもうけるものと考えられてきた。そうすることで近親交配は回避しうる。しかし、近年の報告で[24]、ピュージェット湾などを行動圏にする南部レジデントのなかで3例（Jポッドで2例、Lポッドで1例）、母親と父親が同じポッドに属することがわかった。

その後、Michael Ford——シャチの鳴音研究で著名なJohn Fordではない——らが南部レジデントを対象に同様のデータをより広範にとってみると、とりわけ年齢を重ねた雄J1（研究当時約60歳）とL41（研究当時34歳）は、自分のポッドを含む3ポッドの多くのメンバーとの間で繁殖をしており、なかでも4例は同じ家族群のなかでの繁殖であったことがわかっている。幸いこの子どもたちはいまも生きつづけている[25]。

こうした研究はまだ端緒についたばかりで、野生の健全なシャチ個体群でどう繁殖が行われているかは未解明な部分は多い。しかし、南部レジデントでこうした例が見つかったことには、なにがしかの懸念を抱かざるをえない。

前章で紹介した北部レジデント「スプリンガー」A73が、南部レジデントの生息域へ迷いこんだ例でいえば、同様のことはこれまで自然のなかで類人猿を含む多くの動物で起こっており、そうした遺伝子の流入が、類人猿やシャチ

といったそれぞれがけっして大きくない地域個体群の遺伝的な多様性を少しでも広げる働きをしてきたはずだ。ただ、スプリンガーは、「迷子を母親のもとに戻す」という人間的な"美談"のもとに本来の北部レジデントのもとに返された。これはスプリンガーが衰弱していたなどの事情を含むさまざまな事情もあったにせよ、"美談"ですませていい話かどうかは大いに疑問だろう。

また近年、知床半島沿岸で複数頭の白いシャチ（リューシスティック＝白変種だろうか）が目撃されている。複数頭の存在は、観光的には"追い風"にはなるのだろうが、近隣シャチたちの間で近親交配が進みやすい状況になってはいまいかという懸念を抱かせるものでもある。

1992〜2012年まで継続して追跡されたスコットランドやアイルランド周辺に生息するシャチは、（調査終了時で）9

2021年7月24日、羅臼沖に2頭の全身が白いシャチが姿を見せた。（写真：小林夏子）

頭にまで減少し、上記の調査期間中一度も子どもは生まれていない。また、アラスカ、プリンス・ウィリアム湾に生息するトランジェントAT1グループは現在7頭。こちらも1984年以来、新たな子どもは生まれていない。

Desforgesらが行った、今後100年にわたる世界各地のシャチの動向予想モデルは私たちを震撼させるものであったけれど、独自の文化や伝統をもったシャチの個体群のいくつかは、それよりもずっと前に姿を消すことを想像せざるをえない現実を、私たちは直視するほかないのである。

2024年11月、船舶による海中騒音が北部・南部レジデントの狩りを大きく阻害しているとTennessenらが報告した[26]。報告によると、騒音は雌雄ともに狩りを妨げるが、雌では狩りをやめてしまう例が多い。騒音下で獲物を追う努力量が増え、子の保護の時間が失われるからだ。南部レジデントについては、過剰な海上交通が狩りを阻害することは以前にも報告されたが[18,19,20]、その実態がより明らかになった。

［1］ ピエール・ベラン．1997．『さらばベルーガ』（三田出版会，水口博也・大川順子訳）

［2］ Hall, A. J., Hugunin, K., Deaville, R., Law, R. J., Allchin, C. R. & Jepson, P. D. 2006. The risk of infection from polychlorinated biphenyl exposure in the harbor porpoise (*Phocoena phocoena*): A case-control approach. Environmental Health Perspectives 114: 704–711.

［3］ Muir, D. C. G., Ford, C. A., Rosenberg, B., Norstrom, R. J., Simon, M. & Beland, P. 1996. Persistent organochlorines in beluga whales (*Delphinapterus leucas*) from the St. Lawrence River estuary: Concentration and patterns of specific PCBs, chlorinated posticides and polychlorinated dibenzo-p-dioxins and dibenzofurans. Environmental Pollution 93: 219–234.

［4］ Aguilar, A. & Borrell, A. 1994. Abnormally high polychlorinated biphenyl levels in striped dolphin (*Stenella coeruleoalba*) affected by the 1990–1992 Mediterranean epizootic. Science of the Total Environment 154: 237–247.

［5］ 野見山桂．2015．「シャチの体にたまる有害化学物質」（『シャチ生態ビジュアル百科』誠文堂新光社）

［6］ 野見山桂．2019．「シャチの未来を危ぶむ有害化学物質」（『世界で一番美しい　シャチ図鑑』誠文堂新光社）

［7］ Ross, P. S., Ellis, G. M., Ikonomou, M. G., Barrett-Lennard, L. G. & Addison, R. F. 2000. High PCB concentrations in free-ranging Pacific killer whales, *Orcinus orca*: Effects of age, sex and dietary preference. Marine Pollution Bulletin 40: 504–551.

［8］ Krahn, M. M., Hanson, M. B., Schorr, G. S., Emmons, C. K., Burrows, D. G., Bolton, J. L., Baird, R. W. & Ylitalo, G. M. 2009. Effects of age, sex and reproductive status on persistent organic pollutant concentrations in "Southern Resident" killer whales. Marine Pollution Bulletin 58: 1522–1529.

［9］ Kajiwara, N., Kunisue, T., Kamikawa, S., Ochi, Y., Yano, S. & Tanabe, S. 2006. Organohalogen and organotin compounds in killer whales mass-stranded in the Shiretoko Peninsula, Hokkaido, Japan. Marine Pollution Bulletin 52: 1066–1076.

［10］ Kannan, K., Blankenship, A., Jones, P. & Giesy, J. 2000. Toxicity reference values of the toxic effects of polychlorinated biphenyls to aquatic mammals. Human and Ecological Risk. Assessment 6: 181–201.

［11］ Jepson, P. D., Deaville, R., Barber, J. L., Aguilar, A., Borrell, A., Murphy, S., Barry, J., Brownlow, A., Barnett, J., Berrow, S., Cunningham, A. A., Davison, N. J., Doeschate, M. T., Esteban, R., Ferreira, M., Foote, A. D., Genov, T., Giménez, J., Loveridge, J., Llavona, A., Martin, V., Maxwell, D. L., Papachimitzou, A., Penrouse, R. *et al.* 2016. PCB pollution continues to impact populations of orcas and other dolphins in European waters. Scientific Report 6(1): DOI:10.1038/srep18573

［12］ Remili, A., Dietz, R., Sonne, C., Samarra, F. I. P., Letcher, R. J., Rikardsen, A. H., Ferguson, S. H., Watt, C. A., Matthews, C. J. D., Kiszka, J. J., Rosing-Asvid, A. & McKinney, M. A. 2023. Varying diet composition causes striking differences in lagacy and emerging contaminant concentrations in killer whales across the North Atlantic. Environmental Science and Technology: https://doi.org/10.1021/acs. Est.3c5516

［13］ Desforges, J. P., Hall, A., McConnell, B., Rosing-Asvid, A., Barbar, J. L., Brownlow, A., Guise, S. D., Eulaers, I., Jepson, P. D., Letcher, R. J., Levin, M., Ross, P. S., Samarra, F., Vikingson, G., Sonne, C. & Dietz, R. 2018. Predicting global killer whale population collapse from PCB pollution. Science 361: 1373–1376.

［14］ Ford, J. K. B. & Ellis, G. E. 2005. Prey selection and food sharing by fish-eating "resident" killer whales (*Orcinus orca*) in British Columbia. DFO Canadian Science Advisory Secretariat Research Documents 2005/041.

[15] Ford, J. K. B., Wright, B. M., Ellis, G. M. & Candy, J. R. 2010. Chinook salmon predation by resident killer whale seasonal and regional selectivity, stock identity of prey, and consumption rates. DFO Canadian Science Advisory Secretariat Research Documents 2009/101.

[16] Wasser, S. K., Lundin, J. I., Ayres, K., Seely, E., Diles, D., Balcomb, K., Hempelmann, J., Parsons, K. & Booth, R. 2017. Population growth is limited by nutritional impacts on pregnancy success in endangered Southern Resident killer whales (*Orcinus orca*). PLOS ONE/https://doi.org/10.1371/journal.pone.0179824

[17] Lahvis, G. P., Wells, R. S., Kuehl, D. W., Stewart, J. L., Rhinehart, H. L. & Via, C. S. 1995. Decreased lymphocyte-responses in free-ranging bottlenose dolphins (*Tursiops truncatus*) are associated with released concentrations of PCBs and DDTs in peripheral-blood. Environmental Health Perspectives 103: 67–72.

[18] Holt, M. M., Tennessen, J. B., Hanson, M. B., Emmons, C. K., Giles, D. A., Hogan, J. T. & Ford, M. J. 2021. Vessels and their sounds reduce prey capture effort by endangered killer whales (*Orcinus orca*). Marine Environmental Research 170: 105429.

[19] Holt, M. M., Tennenssen, J. B., Ward, E. J., Hanson, M. B., Emmons, C. K., Giles, D. A. & Hogan, J. T. 2021. Effects of vessel distance and sex on the behavior of endangered killer whales. Frontiers in Marine Science 7: DOI:10.3389/fmars.2020.582182

[20] Lusseau, D., Bain, D. E., Williams, R. & Smith, J. C. 2009. Vessel traffic disrupts the foraging behavior of southern resident killer whales *Orcinus orca*. Endangered Species Research 63(3): 211–221.

[21] Stewart, J. D., Durban, J. W., Fearnbach, H., Barrett-Lennard, L. G., Casler, P. K., Ward, E. J. & Dapp, D. R. 2021. Survival of the fattest: Linking body condition to prey availability and survivorship of killer whales. Ecosphere 12: Article e03660.

[22] Ettinger, A., Harvey, C. J., Emmons, C., Hanson, M. B., Ward, E., Olson, J. K. & Samhouri, J. F. 2022. Shifting phenology of an endangered apex predator mirrors changes in its favored prey. Endangered Species Research 48: 211–223.

[23] Stewart, J. D., Cogan, J., Durban, J. W., Fearnbach, H., Ellifrit, D. K., Malleson, M., Pinnow, M. & Balcomb, K. 2023. Traditional summer habitat use by Southern Resident killer whales in Salish Sea is linked to Fraser River Chinoook salmon returns. Marine Mammal Science 39(3): 858–875.

[24] Ford, M. J., Hanson, M. B., Hempelmann, J. A., Ayres, L., Emmons, C. K., Schorr, G. S., Baird, R. W., Balcomb, K. C., Wasser, S. K., Parsons, K. M. & Balcomb-Bartok, K. 2011. Inferred paternity and male reproductive success in a killer whale (*Orcinus orca*) population. Journal of Heredity 102(5): 537–553.

[25] Ford, M. J., Parsons, K. M., Ward, E. J., Hempelman, J. A., Emmons, C. K., Hanson, M. B., Balcomb, K. C. & Park, L. K. 2018. Inbreeding in an endangered killer whale population. Animal Conservation 21(5): 423–432.

[26] Tennessen, J. B., Holt, M. M., Wright, B. M., Hanson, M. B., Emmons, C. K., Gilles, D. A., Hogan, J. T., Thornton, S. J. & Deeke, V. B. 2024. Males miss and females forgo: Auditory masking from vessel noise impairs foraging efficiency and success in killer whales. Global Change Biology 30(9): e17490

おわりに

　本書のための原稿をほぼ書き終えようしていた 2023 年 8 月、私は久しぶりにアラスカ、プリンス・ウィリアム湾に船を浮かべていた。

　私はこの湾では、本書で書いてきたとおり、2002 年以来、毎年欠かさず夏の一時期をシャチの観察にあてていたが、2020〜22 年の 3 年間は、コロナ禍のために渡米ができずに終わっていた。そして 2023 年の 8 月にようやく 4 年ぶりに、乗り慣れた漁船アレキサンドラ号で湾内をクルーズしながら、出会うシャチたちの観察をすることができた。

　近年、出会う可能性がもっとも高い AE ポッドは、このクルーズでも何度か姿を見せてくれた。先端が右にカールした特徴的な背びれをもつ雄 AE21 や、特徴的なフック型のサドルパッチをもつ雌 AE22 たちは、変わることのないその姿を何度も船のそばに現してくれた。

　このポッドは、私がこの湾ですでに観察をはじめていた 2010 年代に生まれた子シャチが多く（2011 年生まれの AE27、2015 年生まれの AE30、2016 年生まれの AE31）、コロナ禍前までは幼い子どもたちが戯れる光景で楽しませてくれたものだが、久しぶりに見る彼らは、船を恐れずに近寄ってくる好奇心の旺盛さは以前のままに、一方では当然のことながら多少成長した姿で、たがいに体をぶつけあったりして戯れあう光景を見せてくれた。

　このとき、AE ポッドでないメンバーも近くを泳いでいるのを見た。現場での目視だけでは不確かなために、個体識別のために背びれとサドルパッチの写真を撮影してあとで詳細に確かめたが、AK ポッドと呼ばれるポッドのメンバーで、AK16 と名づけられたこの年 23 歳になる雌と、その子どもたち AK28、AK35 であることを確認した。

　お母さんシャチ AK16 は、特徴的なフック型のサドルパッチをもつために見まちがいはないだろうし、彼女のそばを泳いでいるなら、彼女の子どもと考えてもけっして不思議ではない。なかでも AK35 は 2020 年生まれ、コロナ禍の最中に生まれた子どもで、私にとっては初対面になる。

　p. 66 で紹介したように、プリンス・ウィリアム湾のレジデントは AB、AI、AJ、AXポッドを含む AB クラン（同じクランに属するポッドおよび個体は、なにがしかのパルスコールを共有する）と、AD、AE、AK ポッドを含む AD クランに分かれている。とすれば、AE ポッドと AK ポッドのメンバーは遠い親戚のような関係にあるといっていい。

　ジョンストン海峡でもそうだったが、何年も隔ててそれぞれのシャチたちが成長した姿を見るのは楽しい。そして、さらに長く観察を続けることができれば、生まれたときから知っているシャチが子を連れた姿で再会できることもある。ほんの断片だけであっても彼らの暮らしぶりに触れようとするなら、少なくとも一世代分の観察ができればとつねづね考えてきたことである。

＊

　一方、プリンス・ウィリアム湾にすむ希有なトランジェント AT1 グループはどうか。わずか 7 頭からなるメンバーの一部であっても、限られた日程のなかで目にすることはたやすいことではない。しかし、幸いにもまだ健在な AT3 と AT4（背びれの後縁に半月型の切れこみがある雌、p. 69）の姿を見ることができた。

　この特殊なトランジェントの一群は、私が最後に目にしたコロナ禍前の 2019 年から個体数を減らしてはいないが、それぞれの個体が 4 歳ずつ年を重ねたのである。このグループのなかでもっとも若い AT3 でさえ、2024 年には 40 歳になる"超高齢化社会"である。

　ほかの群れであれば、つぎに新たなメンバーが誕生することが期待できるが、AT1 グループではそれを期待するのはほぼ不可能だろう。この希少な個体群が地球上から姿を消すまでの時間が、4 年短くなっただけのことだといっていい。

＊

　最後に、本書の校正中に、今後のシャチ研究の道筋を大きく左右する論文が Morin らによって発表された。それは、北太平洋のレジデントとトランジェントを、これまでのシャチ *Orcinus orca* からはそれぞれ独立した種——レジデントを *O. ater*、トランジェントを *O. rectipinnus*——として位置づけようとするものである[1]。

　いずれの種名も、19 世紀のアメリカの捕鯨業者チャールズ・スキャモン Charles Scammon が遺した描画とそれぞれにつけた名称に因むもので、"ater" は「黒い」または「濃色の」を、"rectipinnus" は「直立した背びれ」を意味する。

　トランジェントについては、本書でも紹介したように、1990 年代後半から遺伝子解析が精力的に行われるようになって以来（それ以前から採餌生態を含む特徴的な生態が指摘されつづけてきた）、世界のほかのどのシャチよりも古い時代に枝分かれしたことが示され、早晩別種にされる可能性は多くの研究者が視野に入れていたことで、近年、「トランジェント」ではなく「Bigg's killer whale」と呼ばれるようになったことがそのことを示している。

　一方、レジデントについて、同所的に生息するオフショアや、北大西洋のシャチたちとの遺伝的な近さが指摘されるなかで、独立した種とされるのをどう考えるか。

　種を種として記載するためには、遺伝子解析による情報だけでなく、生態や骨格を含む形態学的に精緻な情報が求められる。レジデントのシャチは、長い研究の歴史のなかで彼らを特徴づける多岐にわたる情報がそろっていることがなによりの条件になった。

　そのことは、さらに研究が進み、世界各地のシャチの形態学的な情報がそろってくれば、たとえば、2008 年に LeDuc が、「南極海のタイプ B および C は、タイプ A（およ

び世界のほかのシャチたち）から別種と考えうるほどの違いがある」[2]と指摘したように、現在はある生態型とされているものが、新たに独立した種として考えられうることも意味しているといっていい。そして、もっとも“異形のシャチ”であるタイプDについての動向もまた、大いに気になるところだ。いずれにせよ、世界のシャチ研究が新たな世界、新たな段階に進んだことはまちがいない。

　本書を書き終わってなにより強く思うのは、シャチがたどった道を探る遺伝学者たちの試みについても、文化と遺伝子が共進化をとげていまの形をつくりあげてきたことについても、人類がたどった道のアナロジーとしてとらえうるということでもあった。ならば、シャチたちがいま直面している窮状も、ありうる未来もまた、人類のそれを予見するものであるのかもしれないと思う。

　さらに一部のシャチたちの窮状は、地球の環境変動と同様に、すでに point of no return（引き返すことができない分岐点）を越えてしまっていると考えざるをえない。あとは彼らの命脈を——そのことは私たち自身の命脈でもある——をどれだけ長く引きのばせるかに、私たちの叡智が試されている。

　最後に、帯に貴重な言葉をいただいた山極寿一さん、本書の原稿に目を通していただいた京都大学の三谷曜子さん、それにあわせ、シャチ研究の長きにわたる歴史も視野に入れながら解説を書いていただいた——おかげで本書の位置づけはより明確になった——帝京科学大学の篠原正典さん、本書のための論文、資料集めではたいへんお世話になった小笠原ホエールウォッチング協会の辻井浩希さん、私のこれまでの多くの著作と同様に本書を読みやすいデザインに仕あげていただいた椎名麻美さんと、前著『世界アシカ・アザラシ観察記——動物写真家が追う鰭脚類の生態』とともに繊細な編集・校正作業を進めていただいた旧友でもある東京大学出版会編集部の光明義文さんに厚くお礼を申しあげる。

2024 年 4 月　　水口博也

[1] Morin, P.A., NcCarthy, M.L., Fung, C.W., Durban, J.W., Parsons, K.M., Perrin, W.F., Taylor, B.L., Jefferson, T.A. & Archer, F. I. 2024. Revised taxonomy of eastern North Pacific killer whales (*Orcinus orca*): Bigg's and resident ecotypes deserve species status. Royal Society Open Science 11(3): 231368.

[2] LeDuc, R.G., Robertson, K.M. & Pitman, R.L. 2008. Mitochondrial sequence divergence among Antarctic killer whale ecotypes is consistent with multiple species. Biology Letters 4: 426–429.

解説

篠原正典
（帝京科学大学生命環境学部教授）

　本書は、シャチを愛しシャチを深く理解したい人たちのための最高の一冊である。

　シャチ好きのためだけと位置づけるのは狭量かもしれない。海洋生態系の頂点に君臨し海洋環境の象徴でもある彼らを正しく理解することを通し、私たち人類が、この地球上で持続可能な暮らしをどう実現できるか、この地球のほかの生きものたちとどう共生をつづけていけるかの考察を深める。そのための必携必読の一冊というべきかもしれない。

　1960年代初頭に、世界ではじめてシャチを生け捕りし飼育をはじめたカナダやアメリカでは、じつに60年もの歳月を費やした末、水族館での繁殖をあきらめた。いや、飼育しているではないかと思う方もおられようが、現在、飼育している個体たちが最後なのである。繁殖もさせない、つまりこれ以上、飼育下で苦しむかわいそうな個体を増やさないことを取り決めている。

　この地球上において、海洋の生態系の頂点に君臨し、極域から赤道にいたるまで人類以上に広大な生息域を有する彼らを、人類は理解できないのであろうか。

　いや、あきらめてはいない。いま、世界中で数多くの鯨類研究者がシャチという生物の理解を深めるため、海に船を走らせ、ラボで遺伝子を解析し、高度な数学を駆使し、PCに膨大な計算をさせ、たゆまぬ努力を続けている。「私は相当な鯨類好きでシャチ好きだけど、そんな膨大な情報は目にしたことはない」と思われる方には、まことに申しわけない。学術誌上で英語で報告されている多くの貴重知見を、私たち国内の鯨類研究者が日本語でわかりやすく紹介していないからである。それを70歳を越えたシャチを愛してやまない著者が、いまここにまとめあげてくれた。どのページのどの行でもいい、本文を少しでも読んでいただければ説明の必要はないだろう。著者自身の膨大な観察と交流に加え、200を超える学術論文の情報であふれかえっている。

＊

　1978年から46年にわたりシャチを追いつづけて世界をめぐってきた著者は、シャチという生物そのものを、そしてその研究の足跡をまちがいなく日本でもっ

とも知る人物である。

　シャチに関するはじめての著作『オルカ —— 海の王シャチと風の物語』（早川書房）は 1988 年出版、36 年前である。調査研究の現場でリアルに動物を観察した者にしか書くことのできない詳細でいきいきした観察報告、そして、忍耐力と確かな技術によって撮られたみごとな生態写真の数々は、当時大学 1 年で野生鯨類を観たこともない私に、野生シャチそのものやその研究の実際を教えてくれるとともに、彼らの暮らしのとてもクリアなイメージを与えてくれた。同時に、著者の文体はときに詩的になり、視線は目の前のシャチや海や森を越えて遠くに向けられ、添えられた幻想的な写真とともに、彼ら自身の深遠さ、彼らが暮らす海と地球全体の広がりをも教えてくれた。文庫版としていまでも購入することができるので、未読の読者はぜひ手にとってほしい。

　著者のこの後者の"詩人スタイル"は、『ミスティ —— 幻想のオルカ』（ブロンズ新社）や『リトルオルカ』（アップフロンドブックス）などの詩的な写真集や動物小説へと形を変えて発展していく。一方で、前者の"科学ジャーナリストスタイル"は、『オルカをめぐる冒険』（徳間書店）、『シャチ生態ビジュアル百科』『世界で一番美しい　シャチ図鑑』（誠文堂新光社）などでさらに詳細さとリアルさを極めていく。

　ちなみに、これらの後半の著作群が多くの写真家の著作と一線を画しているのは、国内外の最前線にいる研究者に著者本人が直接依頼し寄稿してもらったコラムが多数散りばめられていることである。それは、著者が研究者の努力と知識をしっかりリスペクトし、それを読者に確かに届けなければならないという誠実さを人一倍持っているからである。

　本書では、詩人は口をつぐみ、科学ジャーナリストが雄弁に語る。また、専門家のコラムに代えて、学術論文の研究成果をほぼダイレクトに著者が解説している。日本でも立花隆氏や渡辺政隆氏のように、学術論文情報をしっかりふまえ、科学者と対話をして生物や自然を紹介できる科学ジャーナリストはいるが、本書は彼らの著作と十分に肩を並べるクオリティの科学書となっている。

　目次や小見出しをざっと見ると 15 年前の著作『オルカをめぐる冒険』と比較したくなるが、情報量がまったく違う。もちろん、この 15 年でのシャチ研究の大躍進がベースにあるのはまちがいないが、読者を圧倒するほどの詳解に著者をこだわらせたのは、知りたい、知ってもらいたいというだれよりも深く強いシャチへの愛があり、今日彼らが置かれている危機的状況への怒りがあるからであろ

う。このことは後ほど再度述べる。

＊

　世界的に注目度の高いシャチという動物の研究は、生物学全般の先端的な研究成果の宝庫でもある。本書の随所で紹介されるいくつもの事実は、他分野の生物学者をうならせ、議論を巻き起こしてきたものが少なくない。文化的行動の多様さ、複雑な音響コミュニケーション、捕獲した餌生物の血縁内外で行われる分かちあい、異種である人間の利用など枚挙にいとまがない。

　閉経後の雌が群れに残ることがその群れの他個体の生存や繁殖成功に明らかにプラスになっている事実などは、仮説であった「お婆さん仮説」をまさに野外観察から検証したものであるし、文化的行動の違いが遺伝的交流を分かち、地理的隔離があるわけでもないのに複数の生態型を存在させているユニークさも、多くの生物学者にとって刺激的であろう。種の創成メカニズムとしてきわめてめずらしく、やがて生物学の教科書に載るような事実となっていくかもしれない。

　個人的な感想になるが、ヒト並みに長寿であり、世界の海を悠々と動きまわるこの巨獣を、野外観察の積み重ねによってよくもここまで明らかにできてきたものだと心底驚いている。人類が核兵器を開発したとき、あるいは月に降り立ったときには、ひとつの巨大な国家が、ひとつの強大な社会体制が喪失する危機感から、国家がゆらぐほどの巨万の研究開発費がつぎ込まれたものである。しかし、ここにあげられた研究の数々は、そうした類のものとは一線を画す。まさにシャチという未知の生物への好奇心と愛から生まれたものである。

　この膨大な努力にこそ、人類の科学的探究のなかでも最高級の勲章を与え賞賛すべきだろう。そして、これが可能であったことをともに喜んでいる私たち人類の底力にこそ、自分たち自身の、さらに地球という惑星全体の持続可能な未来の希望が見えると感じている。

＊

　著者は、環境破壊へも具体的な事例を列挙して警鐘を鳴らす。汚染化学物質によるシャチ自体の汚染の深刻さ（これはピエール・ベランの "Beluga: A Farewel to Whales" を、著者が『さらばベルーガ──セント・ローレンスのシロイルカ』（三田出版会）として訳した 1997 年にはすでに大いに懸念されていた）や、個体群（ヨーロッパ沿岸のものやアラスカの AT1 トランジェントなど）全体で新生児が生まれなくなっている状況など、調べれば調べるほど悪影響が顕れてくる。温暖化によるいっそうの悪化を考慮しなくとも、多くの地域個体群が

100年は存続できないであろうというDesforgesらのシミュレーションによる検討もあわせて紹介される。日本近海で見られるシャチたちも例外ではない。

また、餌生物の減少が彼らの暮らしを苦しめ、漁業との軋轢を生んでいるさまも詳解されている。本来、海洋の恵みは海洋生物たちのものであったはずだが、近年、それらを利用する巧みな術を得た人類が謙虚さを欠き、自分たちが越境して大量に捕獲しているのを棚にあげ、水産資源が減少した、操業をじゃますなどとシャチを害獣扱いしているのも腹立たしい。

こうした問題は、いずれもシャチの生息数を減らすことにつながるのだが、これがさらに負の連鎖を招く。近親交配が進んでしまうのである。遺伝子が似通った個体同士が繁殖すると生存力の弱い個体が生まれる確率が飛躍的に高くなる。ヒトでは法律によって近親婚が厳格に禁止されている。アメリカ、ワシントン州シアトルなどの大都市から近く、長らくウォッチング対象となってきた南部レジデントなどではこれが常態化していることが紹介されている。

さらに、船舶の騒音による影響もあげる。騒音が鯨類の行動を変える例は知られているが、ただでさえ減少している餌生物への狩りをも妨げるという。

過激化するウォッチングに対し、欧米では厳格なルールが設けられて久しい。こうした状況のなかで著者は、34年前の著作『オルカ・アゲイン』（風樹社）のあとがきですでに、自身がシャチと距離を置くべきかもしれないと憂いていた。その後も船舶の影響は懸念され続け、南部レジデントに対しては、ワシントン州が約360〜400mの距離を保つことを求めており、さらに2025年には1000ヤード（約900m！）と厳しくするという。知床沿岸に来遊するシャチもウォッチング対象として人気を博しているが、事業者の自主性に任され、距離の検討もほかのウォッチング先進地に準じておらず、著者は懸念を表する。

健康に影響をおよぼす高いレベルの汚染化学物質、繁殖に影響が出る餌生物資源量の減少（これは漁業との競合も生んで久しい）、さらに、海上交通・ウォッチング船による騒音、そして、これらにより減少した個体間で近親交配が進む……こうした悪循環はまさに種が絶滅するときの「絶滅の渦」そのものである。

*

本書は、著者が取材や観察に訪れた順——それはおおよそ世界各海域で研究が進み情報が発信されはじめた順でもあるのだが——に紹介が進んでいく。科学書として違和感を覚えるとしたら、著者自身の体験・観察にもとづく紀行文的記載と科学的発見の解説がモザイク状になっているためかもしれない。このような科

学書的な著作での読書スタイルとしては例外的かもしれないが、読者自身が著者と同じ疑問をもちながら、次々に新情報が得られて物語が進む推理小説的感覚で読んでみてはどうであろうか。

　なぜトランジェントはほかの多くの生態型と遺伝的に大きな隔たりがあるのだろうか。母や祖母が雄の子や孫のほうを大切にするのはなぜだろうか。とりわけシャチにおいて高レベルで汚染化学物質がたまるのはなぜなのか……といった具合にである。話題が科学的な情報を多分に含むため、それらの箇所で時間がかかってしまうようであれば飛ばし読みし、その結論が述べられた箇所まで進んでしまっても問題ないであろう。飛ばした部分はあらためて必要を感じたときに読み直せばいい。

＊

　読み終えた方の多くは、よくもまあ半世紀近くにもわたり、世界各地の幾多のフィールド（しかも多くはたどりつくのすら困難な場所）へ赴き、数多くの研究者と交流をし、膨大な学術論文を精読し……いったい、だれのために、そしてなんのために……と感じられたのではないだろうか。光栄にも（ほんとうに！）本書を最初に読ませていただいた私も、その長大な時間と膨大な情報量にめまいさえ覚えた。

　これらは、著者自身のなかのある「こと」を満たすためなのだと気づかされた。ある「こと」は「好奇心」であり、「知識欲」であり、そして、なにより野生のシャチたちへの深い「愛」であろう。さらに著者の場合は、もっとも長くもっとも近くで見つづけた者として伝えるべき「責務」や、発信の乏しい私のような後進たちやシャチにハラスメントを与えつづける者たちへの「訴え」もあったのではないか。少なくとも私はそう感じながら胸をどきどきさせながら読んだ。

　自省の念もこめて、あえて述べたいことがある。ある対象を愛しているとき、自分も同様に愛されることを求めたり、愛している自分を周囲が肯定や賛美してくれることを求める……そんな気持ちがときに対象を損ねてしまうほどに強くなりすぎる……。鯨類好きにはそんな人たちが多いと感じるのは私だけだろうか。

　ほんとうに愛していれば、著者のように、まずはひたすら相手を深く理解したい、そう強く想えないものだろうか。それを実践したものが本書である。本書を手にしているあなたも、自身のなかのある「こと」を満たそうと実践しようとしている仲間である。

　一方で、船に対して逃げる方向へ泳いだり予測がつかない場所に浮上を繰りか

えすシャチの群れを距離も気にせずに執拗に追いかけまわしたり、目を閉じ隊列を組みゆっくり泳ぎながら眠っているミナミハンドウイルカたちを、自分がじょうずに深く潜れることを自慢するかのように近くまで潜って、"絡ませ"たことを喜んだり、さらには、泳ぎが遅く呼吸間隔が短く追いやすいからと生まれたばかりの新生児とその母ザトウクジラに固執してスイムしたりといった行為が、日本のウォッチングの現場では散見される。そして、至近から広角のカメラでとられた映像をSNS上で自慢しあう……。こうした人たちは、ほんとうに対象の鯨類を愛しているのだろうかと疑いたくなる。彼らが安全で快適な暮らしを送りつづけるために、マイナスの影響を与えていまいか。

「ていねいに接近している」あるいは「クジラがフレンドリーに行動する」ということを免罪符として謳う傾向も散見されるが、ウォッチング先進国ではスイミングはいっさい行われておらず、以前行われていたドルフィンスイムもいまは禁止されており、ホエールスイムがハラスメントになりうることは多くの研究が論証している。著者の近著『ホエールウォッチングをめぐる今日的考察』(シータス)を一読いただきたい。動物たちをもっともよく観ている研究者たちが明らかにした科学的事実に対して敬意をはらって学び、態度を改めるべきである。

*

冒頭で「シャチを愛しシャチを深く理解したい人たちのため」と書いたが、そういう人たちだけが本書を手にとり学べばいいと多くの方が思われるかもしれないので、最後に一言述べて終わりたい。

鯨類研究の泰斗であった小川鼎三は、東京大学医学部の医学者なのになぜ鯨類の研究をするのかとの問いに、ヒト山の頂上から眺めてもその山全体の姿を正確に知ることはむずかしく、離れてそびえ立つクジラ山よりヒト山を眺めることに意義があると答えているという趣旨のことを1950年出版の『鯨の話』(中央公論社)のあとがきに記されている。著者もまた、『オルカ――海の王シャチと風の物語』のなかで、30年以上前から「シャチと人間はその麓が雲で覆われてその繋がりが見えないほど高くそびえる二つの峰である」とたとえ、もう一方の峰を眺めて自身の理解を深めるべきだといいつづけてきた。

何千万年も前に枝分かれしたそれぞれまったく別の生物群から、かくも似たような知性をもつにいたった生きものが2種、いまこうして同じ惑星に存在している。この奇跡に感謝し、崇め、知的な生命体とはどのようなものであるか、真摯に学ぶ姿勢をもちつづけねばならない。本書はそのバイブルとなるだろう。

事項・生物名索引

A1 ポッド……18, 35, 36
A2（ニコラ）……18, 19, 21, 22, 37
A5 ポッド……35
A6……21, 27
A12……35
A23……35
A25（シャーキー）……27, 35, 94
A30……20, 22, 23, 27, 37
A36……35
A38……21, 27
A39……21, 27
A40……22
A50……22, 23, 27, 37
A54……23, 27, 38
A72……27
A73→スプリンガー（A73）
A75……27
AB8……63, 65
AB クラン……66, 84
AB ポッド……63
AD クラン……66, 84
AE ポッド……66, 70, 195
AT1 グループ……67, 68, 70, 72, 74
AT1 トランジェント……81, 153, 169, 183, 186
AT2……69
AT3……69
AT4……69
AT14……69, 72
Bigg's Killer Whale……99, 156, 167, 196
DDTs……73, 74, 181, 189
Dialect→方言
Discrete pulsed call→パルスコール
DNA 解析……49
D ループ……49, 50, 81, 154-156, 171, 173, 174
FEROP（Far East Russian Orca Project ＝ 極東ロシア計画）……79
Gerlache Killer Whale……100
J ポッド……18, 189
K1……12
K ポッド……18, 189

L ポッド……18, 28, 162, 189
Megafauna collapse（大型生物相の崩壊）仮説……84
Orcinus ater……196
Orcinus eschrichtii……109
Orcinus glacialis……90, 92
Orcinus numus……90, 92
Orcinus orca……90, 99, 119, 156, 196
Orcinus rectipinnus……196
Pack Ice Killer Whale……100
PCBs……73, 74, 114, 115, 180-182, 185, 186, 189
PNOR（Punta Norte Orca Research）……130, 139
POPs……182, 183, 185
Prey-Switching（獲物の切り替え）仮説……84
Ross Sea Killer Whale……100
R タイプ……79
Strand Feeding→ストランド・フィーディング
Subantarctic Killer Whale……100
T タイプ……79

ア

アイスランド……108-110
アイパッチ……15, 91, 92, 98, 112, 167
アイルランド……114, 115
アカボウクジラ科……142
アガラス海流……145, 160
アゴヒゲアザラシ……111
アタック・チャネル……121, 126, 131
アバチャ湾……78
アホウドリ類……136
アマゾンカワイルカ……155
アラグアイアカワイルカ……155
アラスカ……54
アラスカ・レジデント……56, 59, 62, 66
アラスカ湾トランジェント……60, 67, 68, 72, 153, 169
アラスカ湾レジデント……81
アラートベイ……20

アリューシャン列島……74, 78, 80, 82, 85, 145, 153, 161, 174
イカ……167, 168, 170, 171
イコクエイラクブカ……140
イシイルカ……28, 43, 46, 56, 60, 67, 169, 170, 183
イッカク……40
遺伝子……39
遺伝子解析……15, 80, 111, 155, 156, 160, 196
遺伝子時計……156
遺伝子配列……154
遺伝子頻度……82
遺伝的（な）多様性……82, 145, 153, 154, 160, 162, 174, 175
遺伝的浮動……161
遺伝的ボトルネック……154
ヴァイクセル氷期……159
ウィスコンシン氷期……159
ウェッデルアザラシ……95
ウニマック水路……77, 81, 143
エイ……140
エクソン・バルディーズ号……57, 68
エコタイプ→生態型
エコロケーション……32, 124
エスコート……144
エビスザメ……127, 147
エーミアン間氷期……159
エルニーニョ……85
沿岸水路……54, 59, 160
塩基置換（塩基の置き換わり）……49, 154, 156
塩基配列……50
オオフルマカモメ……122
オキゴンドウ……38, 40
オーストラリア……141, 144
汚染化学物質……73, 114, 180, 183-187
オタリア……119, 127, 130, 132
お婆さん仮説……37
オヒョウ……63
オフショア……48, 51, 59, 80, 139, 146, 148, 153, 157-159, 165, 166, 173, 196

オホーツク海……82, 170, 174
オルカ……14
オルカ ── 海の王シャチと風の物語……18, 21
オルカラボ……19
温暖化……69, 134, 188

カ
カイコウラ……138
海上交通……187, 190
海生哺乳類……42
海生哺乳類学会……18
海生哺乳類食（性）……48, 59, 67, 73, 79, 148, 161, 171, 172, 185
海生哺乳類食者……80, 111, 168
海中騒音……187, 190
海底渓谷……75-77, 138
回遊……75, 76, 96, 97, 119, 129, 143
核 DNA……49, 157, 158
家系図……19
家族群（サブポッド）……17, 25, 33, 35, 38, 62, 154, 191
家族バッジ……34
カナリア諸島……110
カニクイアザラシ……95
カネミ油症事件……180
カムチャッカ半島……78, 80, 82, 154, 174
ガラパゴス諸島……48, 164
カリフォルニアアシカ……76
カリフォルニア海流……75, 164
カリフォルニア湾……165
カルーセル・フィーディング……103, 105
カワウソ……58
環境変動……149
間氷期……157, 159, 162, 163
鰭脚類……56
気候変動……134, 186, 187
希釈効果……139
キタオットセイ……78, 79, 84
キタゾウアザラシ……76, 148, 168
キナイフィヨルド……60, 66, 70, 74
魚（類）食（性）……48, 59, 73, 79, 80, 148,

161, 167, 172
キラーホエール……14
キングサーモン……18, 24, 26, 38, 40, 55,
　107, 182, 187-190
キングペンギン……133
ギンザケ……24, 55, 107
近親交配……17, 98, 191, 192
ギンダラ……63
クラカケアザラシ……171
クラン……33, 66, 83, 195
クリックス……32
グレーシャーベイ……69
クロゼ諸島……98, 133-137, 146, 187
クロツチクジラ……171
クロヘリメジロザメ……148
クロロフィル……142
ケイコ……108, 110
珪藻……95, 97
形態型……147
血縁選択説……40
ケープ……92
ケープペンギン……145
ケルゲレン諸島……135
ゲルラッシュ海峡……100
原油流出事故……57, 64, 68, 73, 74
更新世……179
合祖理論……162
更年期……37
コオリイワシ……107, 187
コーキー……35
コククジラ……14, 60, 74, 75, 77, 129
個体識別（法）……11, 56, 97, 114, 144, 172
コディアック島……60, 70
コビレゴンドウ……38, 40
ゴマフアザラシ……171
コマンドル諸島……79, 81
コルテス海……165, 166
コロンビア川……188, 189
コロンビア氷河……58
混獲……136

サ

催奇性……181
最終氷期極大期……82, 146, 159, 160, 174
サウスジョージア……98, 133, 135
ザトウクジラ……11, 55, 96, 107, 143, 167
サドルパッチ……12, 15, 80, 173, 175
サバ……108-110
サブポッド→家族群
サマルガ海峡……80, 81
サリッシュ海……190
サンガモニアン間氷期……159
サンファン諸島……7, 190
サンホセ湾……127, 128
残留性有機汚染物質……182
シーケンシング……162
自然選択……161
自然標識……11, 12
ジブラルタル海峡……110, 112, 113, 137,
　185, 187
シャーキー→A25（シャーキー）
ジャスミン……132
シャチウォッチング……18, 20, 107, 191
集団死……114
10年規模変動……85
種分化……157
寿命……16
食物連鎖……181, 182, 184
ジョージア海峡……7, 188, 190
ジョンストン海峡……13, 18, 24, 26, 31, 73,
　182
知床半島……169, 170, 171, 173, 184, 192
シロイルカ→ベルーガ
シロナガスクジラ……106, 142
人新世……179
垂直切れこみ……43, 80
水平切れこみ……43, 80
スコットランド……110, 111, 114, 115
スジイルカ……179, 181, 182
スタリチコフ島……78
ストランディング……138, 170
ストランド・フィーディング（Strand
　Feeding）……140

スネーク川……188
スパイホップ……91, 95
スプリンガー（A73）……162, 191
生殖障害……115, 184-186
生態型（エコタイプ）……37, 44, 48, 92, 93,
　108, 118, 147, 155-159, 161-163,
　166, 168, 170, 179
性的二型……15
性ホルモン……188
セッパリイルカ……138
ゼニガタアザラシ……56, 60, 67, 73, 76, 84,
　169, 179, 183
創始者効果……82
底延縄漁……63, 98, 134, 135, 136, 140, 146

タ

第4クリル海峡……78
タイセイヨウクロマグロ……109, 110, 112
タイプ1……109-112, 156
タイプ2……109-112, 156
タイプA……90, 92, 100, 137, 144, 146, 155,
　158
タイプB……15, 90, 92, 93, 96, 97, 144, 155,
　158, 161
タイプB1……94, 100
タイプB2……94, 100
タイプC……15, 90, 92, 97, 100, 107, 144,
　155, 158, 161, 187
タイプD……15, 97-100, 113, 137-139, 144,
　158, 161, 197
タイプT……112
大量死……179
地域個体群……29, 126, 132, 149
チェネガ氷河……69
千島列島……78, 80, 174
窒素14……80
窒素15……80
窒素同位体比……80, 93, 111, 169
中部アリューシャンレジデント……81
チュガッチ・トランジェント……67, 169
地理的（な）隔離……48, 163
ティスフィヨルド……100, 102, 107

頭足類……167
東南アラスカ……18, 55, 58, 61, 81, 190
東南アラスカレジデント……60, 66
東部アリューシャンレジデント……81
東部熱帯太平洋型……166, 167
トド……43, 56, 60, 84, 85
トランジェント……42, 44-48, 50, 56, 60,
　67, 70, 73, 74, 78, 80, 81, 83, 99, 118,
　148, 153, 155, 157-159, 163, 166,
　167, 171, 173, 175, 182, 196
ドレーク海峡……88, 98

ナ

ナガスクジラ……84, 107, 166
ナンキョクオキアミ……106
南極海……88
南極環流（南極周極流）……118
南極前線……96, 118, 134
南部レジデント……17, 20, 28, 29, 33, 38,
　42, 50, 62, 73, 83, 84, 153, 182, 187,
　188, 190-192
ニコラ→A2（ニコラ）
西海岸トランジェント……60, 72, 76, 153,
　169
ニシン……55, 100, 102-104, 108, 109
ニュージーランド……138, 144
ニンガルーリーフ……142, 144
ヌエボ湾……128
ネズミイルカ……28, 43, 56, 60
ネズミイルカ科……138
根室海峡……172, 174
ノルウェー……100, 109, 110

ハ

バイカルアザラシ……179
延縄漁→底延縄漁
ハクジラ亜目……15
ハナゴンドウ……76
パプアニューギニア……144
ハプロタイプ……67, 79, 165, 170, 173, 175
ハラジロカマイルカ……119, 128, 138
ハラジロセミイルカ……138

パルスコール……32, 35, 36, 43, 45, 47, 66, 71, 195
バルディア海峡……80
バルディーズ……57
バルデス半島……118, 127, 130, 139, 147
バルブネット・フィーディング……59
ハワイ諸島……164, 167
バンクーバー島……7
繁殖年齢……16
ハンドウイルカ……140, 179
ビクトリア……8
ヒゲ板……107
非致死的な研究……13
ヒモハクジラ……142
ピュージェット湾……7, 17, 73, 162, 182, 188, 190, 191
ヒョウアザラシ……95
氷河……72, 82
氷期……82, 83, 159, 160, 162, 164, 174, 179
ファラロン諸島……148
ファン・デ・フカ海峡……7, 17, 182
フィヨルド……8, 54, 100, 101
フォークランド諸島……96
フォールズ湾……147
双子……16
フック（型）……43, 80, 173, 195
腐肉食者……122, 126
フライデーハーバー……8
ブラックニー水路……44
ブラックフィッシュ湾……20, 44
フリーウィリー……108, 110
ブリティッシュ・コロンビア州……11
プリビロフ諸島……78, 85
プリンス・ウィリアム湾……56, 57, 62, 65, 68, 70, 72, 81, 169, 195
プリンス・ウィリアム湾のトランジェント……67
プリンス・ウィリアム湾のレジデント……60
フリンダース海流……141
フレーザー川……18, 187-190
ブレマー海底渓谷……141, 142, 144

文化……24, 27, 28, 37, 66, 72, 163, 186, 192
文化的ヒッチハイク……154, 163
噴気……16
噴気孔……17
プンタノルテ……120, 127, 130
フンボルト海流……164
閉経……38, 41, 44, 184
ベルーガ（シロイルカ）……40, 180, 185
ペルー海流……164
ベルナルド……123, 125, 131
ベンゲラ海流……145, 160
ホイッスル……32, 138
方言……33, 37, 48
ホエールウォッチング……76, 119, 128, 190
ホエールミュージアム（Center for Whale Research）……19
北西岸トランジェント……182
北部レジデント……17, 18, 20, 25, 32, 33, 42, 50, 62, 73, 83, 84, 153, 162, 182, 188, 191
母系性の社会……163
ポゼッション島……134
北海……110, 115
北海道シャチ大学連合（Uni-HORP）……173
ポッド……13, 17, 32-34, 36, 38, 66
ボトルネック……159, 160, 179
ホホジロザメ……145, 147, 148
ボリビアカワイルカ……155

マ

マイク・ビッグ生態保護区→ロブソン湾生態保護区
マイルカ……76, 128, 138, 166
マイルカ科……15
マジェランアイナメ……98, 113, 134, 136
マゼランペンギン……122
マッコウクジラ……64, 84, 135, 138, 141, 166
摩耗（歯の）……48, 98, 108, 109, 111, 165
ミズナギドリ類……136

ミトコンドリア DNA……49, 67, 98, 156, 158
南アフリカ……145, 160
ミナミアフリカオットセイ……145, 148
ミナミセミクジラ……119, 128, 145
ミナミゾウアザラシ……119, 127, 130, 133, 146
ミナミツチクジラ……89, 92
メル……123, 124, 131
免疫不全……181, 186
モビードール……11
モルトバール……14
モントレー湾……60, 75, 77

ヤ

有害化学物質……181
有機塩素系化合物……114, 180, 181, 183
湧昇流……75, 141, 160
ユニット……135
横どり……63, 98, 134, 136, 137, 140, 146, 187
ヨシキリザメ……147

ラ

ライギョダマシ……107, 187
ラッコ……58, 84, 85
ラニーニャ……85
ラビング……26
ラビングビーチ……26, 27
ラントゥム海岸……115
離乳……16
リューシスティック（白変種）……192
ルーウィン海流……141
レジデント……17, 26, 40, 43, 45, 48, 70, 80, 81, 83, 99, 153, 155, 157-160, 163, 173, 175, 196
レパートリー……32, 33
ロス海……91, 97, 100, 107
ロフォーテン諸島……100, 102, 107
ロブソン湾……20, 23
ロブソン湾生態保護区（マイク・ビッグ生態保護区）……20, 24

ワ

ワシントン州……7
ワモンアザラシ……184

210 │ 事項・生物名索引

人名索引

Aguilar, A.——182
Bain, D. E.——19, 31, 32, 34
Baird, R. W.——42
Balcomb, K. C.——19
ベラン，ピエール B'eland, P.——180, 183
Berzin, A. A.——90
Best, P. B.——146
Bigg, M. A.——11, 36
Black, N.——76
Brent, L. J. N.——38
Burdin, A. M.——79
Desforges, J. P.——186, 190, 192
Durban, J. W.——94, 96
Eschricht, D. F.——14, 109
Evans, W. E.——92
Filatova, O. A——82, 83, 174
Foote, A. D.——109, 111, 156, 158, 169, 175
Ford, J. K. B.——19, 32-34, 36, 66
Ford, M. J.——191
Foster, E. A.——38
Grimes, C.——39
Handa, C.——84
Hanson, M. B.——169, 170
Hoelzel, A. R.——50, 99, 153, 169
Jacobsen, J. K.——20
Jepson, P. D.——114, 185
Kannan, K.——184, 190
Katona, S.——11
LeDuc, R. G.——92, 161, 197
Linne, C.——14
Lopez, J. C.——119, 126
Matkin, C.——56, 59, 62, 65, 71, 169
三谷曜子——170

宮崎信之——180, 183
Mizroch, S. A.——84
Morin, P. A.——156, 158, 161, 169, 175
森阪匡通——138
Moura, A. E.——145, 158, 169, 175
Muir, D. C. G.——181
Newsome, S. D.——169
Nishiwaki, M.——84
野見山桂——182
Norris, K. S.——19
Parsons, K. M.——81
Payne, R.——120, 129
Pitman, R. L.——90, 93, 95, 107, 113, 155, 169
Remili, A.——185
Ross, P. S.——182
笹森琴絵——172
Saulitis, E.——71
Scammon, C.——196
Simila, T.——105
Spong, P.——19
Springer, A. M.——84
田辺信介——183
立川涼——180, 183
Towers, J. R.——113
Towner, A. V.——147
Visser, I. N.——92, 98, 139, 141, 169
Vladimirov, V. L.——90
Wasser, S. K.——188
Weimerskirch, H.——133
Wellard, R.——142
Whitehead, H.——154
谷田部明子——171

著者紹介

1953年生まれ。京都大学理学部動物学科卒業後、出版社にて自然科学系書籍の編集に従事。1984年に独立し、世界各地で海洋生物を中心に調査・撮影を続け、多くの著書・写真集を発表。1991年『オルカ　アゲイン』(風樹社)で講談社出版文化賞写真集賞受賞。2000年『マッコウの歌——しろいおおきなともだち』(小学館)で日本絵本大賞受賞。主な著書は『オルカ——海の王シャチと風の物語』(早川書房、1988年)、『世界の海にシャチを追え！』(岩波書店、2018年)、『世界で一番美しい　シャチ図鑑』(誠文堂新光社、2019年)、『世界で一番美しい　アシカ・アザラシ図鑑』(創元社、2021年)、『シャチ生態ビジュアル百科』(誠文堂新光社、2023年)、『世界アシカ・アザラシ観察記——動物写真家が追う鰭脚類の生態』(東京大学出版会、2023年) ほか多数。

シャチ —— オルカ研究全史

2024年9月25日　初　版
2025年2月5日　第2刷

［検印廃止］

著　者　水口博也

発行所　一般財団法人　東京大学出版会

代表者　中島隆博

153-0041　東京都目黒区駒場4-5-29
電話 03-6407-1069　Fax 03-6407-1991
振替 00160-6-59964

印刷所　株式会社精興社
製本所　誠製本株式会社

© 2024 Hiroya Minakuchi
ISBN 978-4-13-060249-5　Printed in Japan

[JCOPY]〈出版者著作権管理機構　委託出版物〉
本書の無断複写は著作権法上での例外を除き禁じられています。複写される場合は、そのつど事前に、出版者著作権管理機構（電話 03-5244-5088、FAX 03-5244-5089、e-mail: info@jcopy.or.jp）の許諾を得てください。

イルカ　小型鯨類の保全生物学
B5判／640頁／18000円

粕谷俊雄【著】

イルカ概論　日本近海産小型鯨類の生態と保全
A5判／352頁／4800円

粕谷俊雄【著】

イルカと生きる
四六判／208頁／3300円

粕谷俊雄【著】

鯨［原書第2版］
菊判／440頁／8800円

E.J. シュライパー【著】／細川宏・神谷敏郎【訳】

ジュゴンとマナティー　海牛類の生態と保全
菊判／528頁／11000円

ヘレン・マーシュほか【著】／粕谷俊雄【訳】

川に生きるイルカたち［増補版］
四六判／256頁／4000円

神谷敏郎【著】／粕谷俊雄【解題】

日本の鰭脚類　海に生きるアシカとアザラシ
A5判／278頁／6900円

服部薫【編】

世界アシカ・アザラシ観察記
動物写真家が追う鰭脚類の生態
四六判／240頁／2700円

水口博也【著】

ここに表示された価格は本体価格です。
ご購入の際には消費税が加算されますのでご了承ください。